Naturwerkstatt

Schmetterlinge

Angela Klein

Naturwerkstatt Schmetterlinge

Spielen, erfahren, beobachten – Mit Kindern die wundersame Welt der Schmetterlinge entdecken

AT Verlag

AT Verlag, Aarau und München
Lektorat: Fredy Joss, Beatenberg
Sachillustrationen: Angelika Kramer, Stuttgart,
www.grafikramer.de
Bildaufbereitung: Vogt-Schild Druck, Derendingen
Druck und Bindearbeiten: Druckerei Uhl, Radolfzell
Printed in Germany

ISBN 978-3-03800-850-7

www.at-verlag.ch

Inhalt

Die im Buch verwendeten Symbole

Kreativ sein und werken

Spielen und bewegen

Wissen

Wahrnehmen, forschen, experimentieren

Ein Tagpfauenauge in voller Pracht (oben) und seinen Hunger im zeitigen Frühjahr an Schlehenblüten stillend (unten)

Einleitung

Die Boten der Götter

Ein sonniger Morgen in unserem kühlen Dachzimmer. Seltsame Geräusche sind zu hören: Was ist das für ein Rascheln, Flattern, Zappeln – und dann wieder rätselhafte Ruhe? Ein Schmetterling, ein Tagpfauenauge! Unglaublich, denn es ist erst Ende März und draußen liegen noch die letzten Schneereste des Winters. Nur die allerersten Blüten wagen sich im Garten ans Licht, und der kleine Kerl will schon nach draußen ins Freie. Die wärmende Sonne am Dachfenster hat ihn wachgekitzelt und aus seinem Winterversteck gelockt, wo er unbemerkt die kühlen Wintertage im Bücherregal verbrachte. Unbeweglich, mit zusammengeklappten Flügeln und kopfüber hing er an einem Brett. Nun aber sitzt er sonnenhungrig am Fenster und zeigt sein prachtvoll schimmerndes Farbenspiel mit den wunderschön leuchtenden blauen Augenflecken. Wir öffnen das Fenster und wünschen ihm eine gute Reise. Schon flattert er mit den ersten Sonnenstrahlen durch die Luft und ist verschwunden. Möge er genug Blüten finden, um seinen Hunger am Nektar zu stillen!

Als Frühlingsboten sind das Tagpfauenauge, der Kleine Fuchs und der Zitronenfalter schon an den ersten wärmeren Sonnentagen des Jahres unterwegs und erfreuen die Spaziergänger. Überhaupt sind »Sommervögel«, wie sie früher hießen und wie sie in manchen Regionen auch heute noch genannt werden, gern gesehene Tiere, und eine bunte Sommerwiese mit Schmetterlingen erfüllt uns mit Freude. Wenn sie unbeschwert und mit leichtem Flug von Blüte zu Blüte flattern, faszinieren ihre grazile Gestalt, ihre zerbrechliche Leichtigkeit und ihre bezaubernde Schönheit. Und auf biologischer Ebene gibt es mit dem Wunder der Metamorphose, den verblüffenden Anpassungen im Aussehen und den raffinierten und vielfältigen Lebensweisen viele Gründe zum Staunen. Schmetterlinge rühren unser Herz an – vielleicht auch, weil sie uns an unsere eigenen zarten Seiten erinnern.

Wenn wir in der Geschichte zurückgehen, stellen wir fest, dass Schmetterlinge die Menschen schon seit Jahrtausenden begleiten und seit jeher bewundert wurden. Davon zeugen zum Beispiel die ältesten in Euro-

Ein frisch geschlüpfter Distelfalter kurz vor seinem Abflug (oben)

pa gefundenen Abbildungen: Felszeichnungen in Norditalien mit Schmetterlingsformen stammen aus der Zeit um 5000 v. Chr. und weisen auf die Verehrung göttlicher Wesen oder Kräfte in ihnen hin. In allen Kulturen und Zeiten tauchen Schmetterlinge auf, und es spannt sich über Jahrtausende hinweg eine spannende Beziehungsgeschichte zwischen Schmetterling und Mensch, vom »Boten der Götter« bis hin zum Schmetterling in modernen Seidenfabriken.

Über dieses Buch

Die Welt der Schmetterlinge ist bunt, vielfältig und unglaublich spannend. Mit diesem Buch gehen wir auf eine Entdeckungsreise, begleiten das Tagpfauenauge und andere Schmetterlinge durch das Jahr. Ganz bewusst wird dabei nicht von den Raritäten und Exoten erzählt. Im Mittelpunkt stehen die Arten, die uns bei Ausflügen in den Wald, auf die Wiese und in den Garten begegnen. Sie werden unter verschiedensten Aspekten immer wieder neu betrachtet: Was fressen sie, wie verbringen sie den Winter und was brauchen Schmetterlinge sonst noch zum Leben? Wie schlafen sie, und können sie mich hören? Warum sind die »Sommervögel« so bunt, und wie finden die Nachtfalter ihre Weibchen im Dunkeln? Wie wird aus einem Ei der Falter? Wir werden dabei Verborgenes entdecken und über ihre Lebensweise staunen. Wer hat schon mal das Fressen einer hungrigen Raupe gehört, das Zucken einer Raupe beim Verpuppen beobachtet oder gespürt, wie ein Falter mit seinem Rüssel unsere Haut abtupft?

Entdeckung am Wegrand: Ein Aurorafalter (unten links)

»Hörst du die Raupe fressen?« (unten rechts)

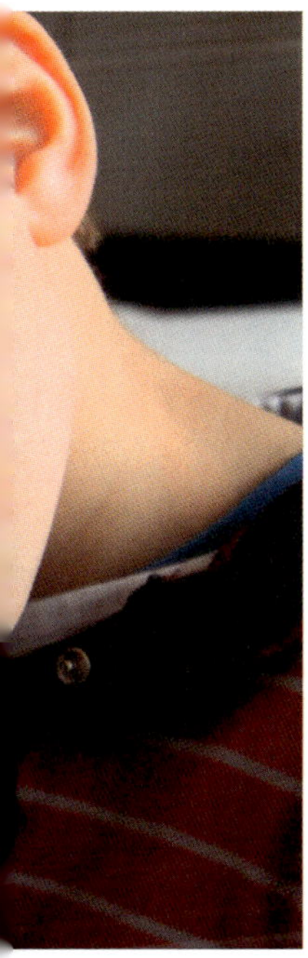

Das Buch beleuchtet das Wunder der Verwandlung vom Ei zum Falter und zeigt die Schmetterlinge in all ihren Daseinsformen. Zitronenfalter und Apfelwickler, Schornsteinfeger und Admiral und viele andere einheimische Tagfalterarten werden uns auf diese Weise vertraut.

Ganz nebenbei ist dieses Buch auch eine Liebeserklärung an unsere einheimischen Schmetterlinge, an ihr zauberhaftes Wesen, ihre Vielfalt und ihre unglaubliche Ästhetik. Die Tiere sind ein Spiegel der unbeschreiblichen Vielfalt der Evolution oder der Schöpfung – wie immer wir ihre Entstehungsgeschichte auch nennen wollen.

Gerade weil sie für freudige Begegnungen sorgen und unser Herz berühren, sind Schmetterlinge wunderbar dazu geeignet, Kinder mit der Natur vertraut zu machen. Und wenn das Buch auf diese Weise die Naturverbundenheit von Klein und Groß belebt, vertieft und damit auch zur Wertschätzung und zum Schutz der Schmetterlinge beiträgt, dann ist sein Ziel erreicht.

WUNDERWELT DER SCHMETTERLINGE

Vielfalt pur und Schmetterlinge überall

Das Tagpfauenauge ist einer unserer häufigsten und bekanntesten Schmetterlinge – eine von rund 160 000 bisher bekannten Arten weltweit. Die meisten Schmetterlinge leben in den Tropen, wo ihnen ein ganzjährig warmes Klima und ein kontinuierliches Blütenangebot gute Lebensbedingungen bieten. Experten vermuten, dass in den tropischen Wäldern noch eine Vielzahl unbekannter Arten auf ihre Entdeckung wartet, und jährlich werden Hunderte neuer Arten entdeckt. Allein durch Mitteleuropa flattern rund 5000 Arten, rund 3700 Arten davon in der Schweiz und in Deutschland. Hiervon gehört allerdings nur ein kleiner Teil zu den eigentlichen Tagfaltern: 190 Arten in Deutschland (davon 44 Arten, die nur in den alpinen Regionen vorkommen) und 212 in der Schweiz. Die anderen Arten gehören zu den Nachtfaltern, die meist ein verstecktes Leben im Dunkeln führen, zum Teil aber auch am Tag aktiv sind.

Schmetterlinge gibt es überall dort auf der Welt, wo Pflanzen wachsen, auch in lebensfeindlichen Regionen wie im Hochgebirge (z. B. Himalaja bis 6000 m Höhe), in Höhlen, Innenstädten und trockenen Wüsten. Sogar die Inuit können sie als Boten des kurzen arktischen Sommers begrüßen. Sie bevorzugen allerdings sonnenreiche und warme Lebensräume mit einer vielfältigen, blütenreichen Vegetation.

Bunte Schmetterlingswiese

Ein Traum von einem Schmetterlings-Lebensraum! Pappe oder dickes Papier im Format A5 wird hochkant in der unteren Hälfte mit doppelseitigem Klebeband beklebt. Hierauf klebt ihr in senkrechter Ausrichtung Gräser und viele verschiedene Wiesenblumen so auf, dass eine bunte Wiese entsteht. In der unbeklebten oberen Hälfte bleibt Platz für gemalte oder ausgeschnittene Schmetterlinge, die über die Wiese gaukeln. Darübergestreuter Sand verdeckt die letzten Klebebandreste. Wenn das Bild kopfüber hängend trocknet, behalten die Pflanzen ihre Form und das Bild sieht auch später noch schön aus.

Material:
Pappe oder dickes Papier im Format A5
doppelseitiges Klebeband
Wiesenblumen und Gräser
eventuell feiner Sand

Keine Schmetterlingswiese gleicht der anderen.

Die zoologische Systematik bringt Ordnung in die unglaubliche Vielfalt der gesamten Tierwelt, indem sie die Arten in ein hierarchisches System einteilt: Art (Tagpfauenauge), Gattung (in diesem Fall auch Tagpfauenauge), Familie (Edelfalter), Ordnung (Schmetterlinge), Klasse (Insekten). Als Art gelten alle Tiere, die sich miteinander fortpflanzen können und deren Nachkommen wieder Nachkommen haben können.

Früher unterteilte man Schmetterlinge aus pragmatischen Gründen in Klein- und Großschmetterlinge und Letztere nochmals in die Tag- und Nachtfalter. Diese vereinfachte Gliederung ist anatomisch gesehen allerdings nicht ganz korrekt. Im Kapitel »Nachtfalter, (auf Seite 72/73) wird auf diese Unterscheidung ausführlicher eingegangen.

Von Schmetterlingen und Menschen

Ob in Pharaonengräbern des alten Ägypten oder in buddhistischen Mythen: Überall tauchen Schmetterlinge als Zeichen von Tod und Vergänglichkeit und als Symbol der Hoffnung auf. Im Christentum stehen sie für die Hoffnung auf Auferstehung, wobei die Raupe das Leben der Sterblichen symbolisiert. Sie verwandelt sich in eine scheinbar tote Puppe, aus der sich dann wie in einer Art Auferstehung der Schmetterling als ein neues Wesen befreit.

Auch zieht sich eine enge Verknüpfung von Schmetterling und Seele durch viele Kulturkreise. So bezeichnet das griechische Wort »psyche« sowohl die Seele wie auch den Schmetterling, und im alten Griechenland wurden in den Schmetterlingen die Seelen Verstorbener verehrt. In der Vorstellung der nordamerikanischen Schwarzfußindianer überbringen Schmetterlinge unsere Träume und sind ein Sinnbild für Fruchtbarkeit und neues Leben, während in Japan zwei einander umtanzende Schmetterlinge als Symbol für eheliches Glück stehen.

Schmetterlingen wurde im Laufe der Geschichte auch Unheimliches angedichtet. Nach dem Volksglauben des 16. Jahrhunderts verwandeln sich Hexen in Falter, naschen und verderben in dieser Gestalt den Rahm und die Milchvorräte. Das althochdeutsche und slawischstämmige Wort »schmetten« für Rahm stand Pate für diese seltsamen Wesen, die angeblich die fette Schicht auf der Milch, aus der Butter gemacht wird, naschen wollten. Daraus wurde Schmandlecker, Schmandling und Schmetterling, und regional hießen sie auch Buttervogel oder Milchdieb. Auch das englische Wort Butterfly – wörtlich übersetzt so viel wie Butterfliege – weist in diese Richtung.

Scheckenfalter mit Orchideenpollen

Der Schmetterlingskörper

Der Schmetterlingskörper ist wie bei allen Insekten in Kopf, Brust und Hinterleib gegliedert, die jeweils aus mehreren Segmenten bestehen. Der Kopf trägt zwei Facettenaugen, zwei Fühler und die Mundwerkzeuge.

An der Brust sitzen in der Regel vier Flügel und drei gegliederte Beinpaare sowie im Inneren die Flugmuskulatur. Der Hinterleib trägt die Organe der Verdauung und Fortpflanzung und ist beweglicher als der Brustabschnitt, da die einzelnen Segmente gegeneinander verschoben werden können.

Schmetterlinge haben keine Knochen, sondern ein Außenskelett aus Chitin, das dem Körper ähnlich einer Ritterrüstung Stabilität verleiht. Wie alle Insekten haben sie auch keine Adern, sondern einen offenen Blutkreislauf, in dem ein herzartiges Gebilde (ein an der Rückenlinie liegender und an beiden Enden offener Schlauch) die leicht gelbliche Körperflüssigkeit durch den ganzen Körper pumpt. Die Atmung erfolgt über ein System von Röhren (Tracheen), die mit den Öffnungen an der Körperseite beginnen, zu den einzelnen Organen führen und jede Zelle mit Sauerstoff versorgen.

Schatzkiste auf Reisen

Um auf das Thema einzustimmen, für Ruhe zu sorgen und neugierig zu machen, geben Sie eine Streichholzschachtel oder eine andere kleine Schatzkiste mit einem Schmetterlingsflügel, einer leeren Puppenhülle, einem Kokon oder einem anderen kleinen Schmetterlingsschatz im Kreis herum. Jedes Kind schaut neugierig in die geheimnisvolle Schachtel und gibt sie verschlossen und ohne Kommentar an den Nachbarn weiter. Die Spannung steigt …

Material:
Schachtel
kleine Schmetterlingsschätze wie Puppen- oder Eihüllen, Flügel usw.

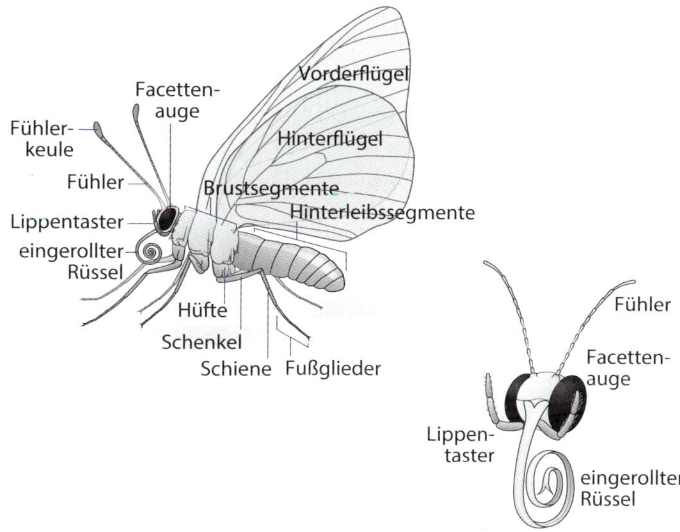

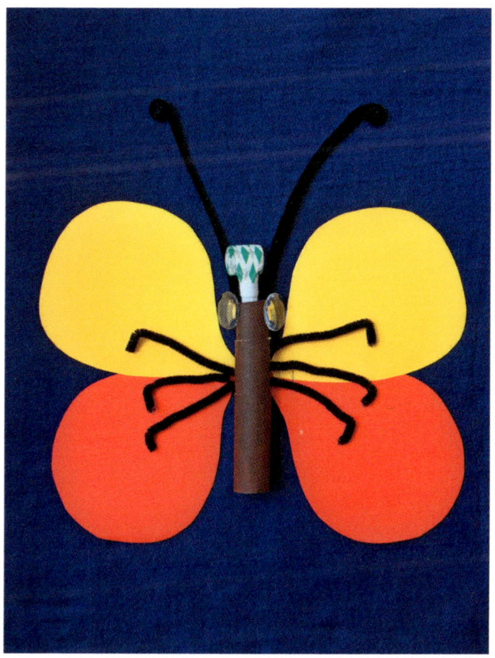

Papierrollen-Schmetterling

Papierrollen-Schmetterling

Wie stellst du dir einen Schmetterling vor? Wo sitzen seine Augen, wie viele Flügel hat er und wo setzen die Beine an?
Legen Sie auf dem Boden eine Sammlung von Alltagsgegenständen und anderen Materialien aus und lassen Sie daraus die Kinder einen Falter legen – so wie sie ihn sich vorstellen. Dabei dürfen auch Materialien übrig bleiben.

Material:
3 Papierrollen, die ineinander gesteckt werden können und verschieden lang sind (für die drei Körperabschnitte Kopf, Brust, Hinterleib)
4 Flügel aus Pappe oder Tüchern (2-mal 2 verschiedene)
2 lange Stricknadeln oder Pfeifenputzer (für die Fühler), 6 Wollfäden oder kürzere Pfeifenputzer (für die Beine)
1 Tröte oder Lakritzschnecke (für den zusammengerollten Saugrüssel)
2 Knöpfe (für die Augen)

Nach dem Wettflug gelandet

✂ Schmetterlingswettfliegen

Aus einem dicken Kartonstück wird ein symmetrisches Flügelpaar in einem Stück ausgeschnitten. Die beiden anderen Kartonstücke werden zu einer 5,5 und einer 7 cm langen Röhre gerollt. Die kürzere Röhre wird an einem Ende mit Alufolie und dem Gummiband luftdicht verschlossen und mit dem Flügelpaar beklebt. In ihr offenes Ende wird die längere Röhre als Blasrohr hinein gesteckt. Pustet ihr nun am Ende in das Röhrchen, so fliegt der Schmetterling davon. Ob er taumelt oder dahingleitet, liegt an der Form und der Größe der Flügel im Verhältnis Zzur Körpergröße.

Material:
dünner Bastelkarton für die Innenröhre 7 × 7 cm und für die Außenröhre 5,5 × 7 cm
dicker Bastelkarton für die Flügel 7 × 9 cm
Alufolie 5 × 5 cm
Kleber
Schere
Gummiband

Die Flügel der Schmetterlinge

In der Fachsprache der Zoologen heißen Schmetterlinge »Lepidoptera« oder »Schuppenflügler«. Das griechische Wort »lepis« steht für Schuppe und »pteron« für Flügel. In der Tat sind Flügel und Körper fast vollständig mit winzig kleinen Schuppen besetzt. Zusätzlich zu den beschuppten Flügeln haben Schmetterlinge einen langen Saugrüssel zur Nektaraufnahme.

Nicht nur die Farben, sondern auch die äußeren Formen der Flügel unterscheiden sich. Breite runde Flügel ermöglichen blitzschnelle Wendungen und verursachen den gaukelnden Flug der Tagfalter. Lange, schmale Flügel dagegen ermöglichen den schnellen, eher geradlinigen Flug, der für den Distelfalter und vor allem für viele Nachtfalter typisch ist und zum Beispiel die enormen Flugleistungen des Taubenschwänzchens ermöglicht, das kurzzeitig eine Geschwindigkeit von 70 Kilometern pro Stunde erreicht. Seine Flügel schlagen dazu 70 bis 90 Mal pro Sekunde! Der Kleine Kohlweißling dagegen mit seinem flatterhaften Flug kommt nur auf 9 bis 12 Flügelschläge pro Sekunde und auf eine Fluggeschwindigkeit von 14 Kilometern pro Stunde.

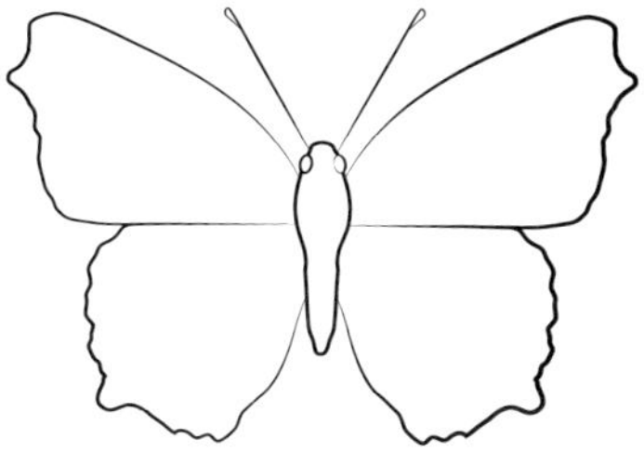

Kleiner Fuchs

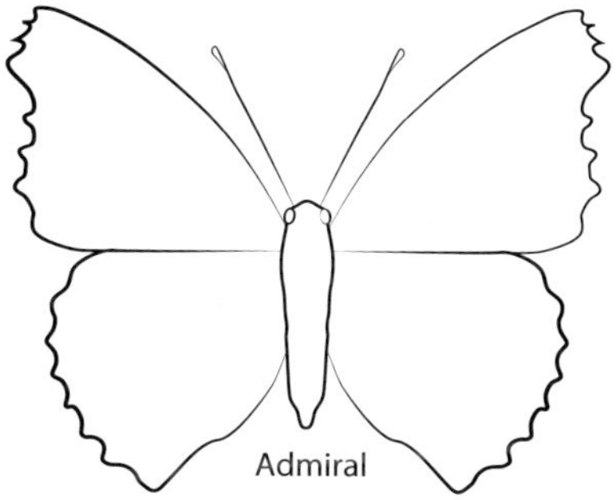

Admiral

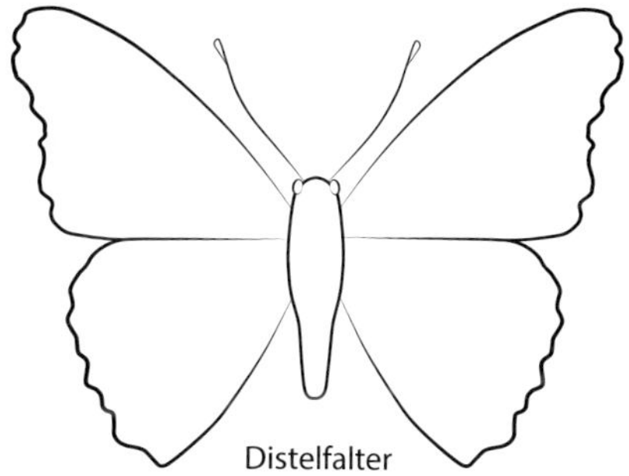

Distelfalter

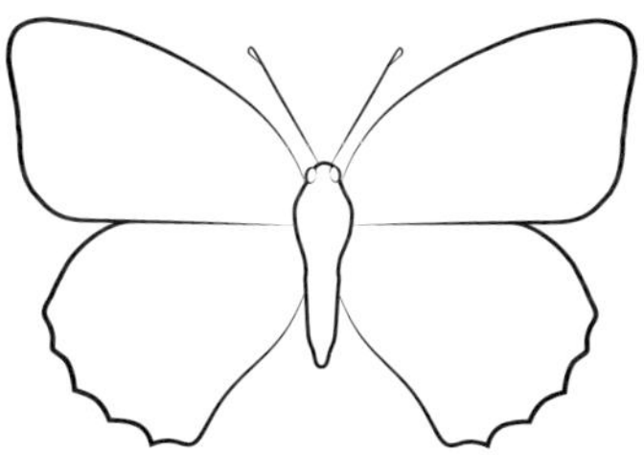

Großes Ochsenauge

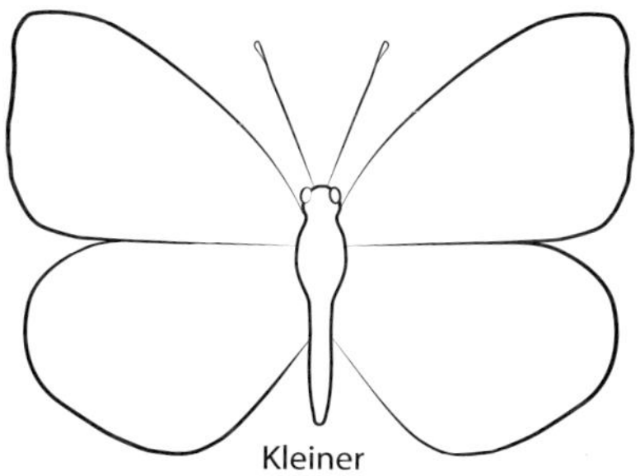

Kleiner Kohlweißling

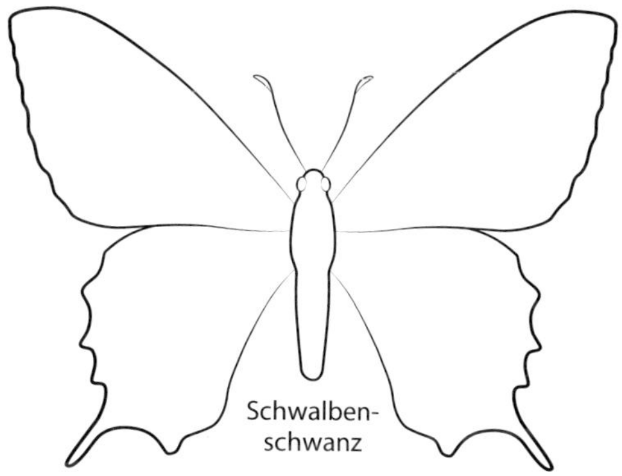

Schwalbenschwanz

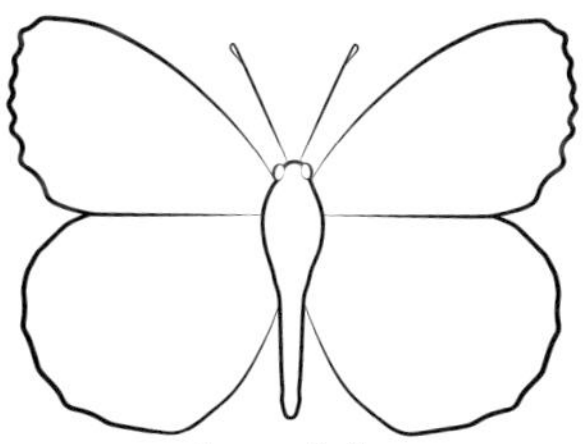

Aurorafalter

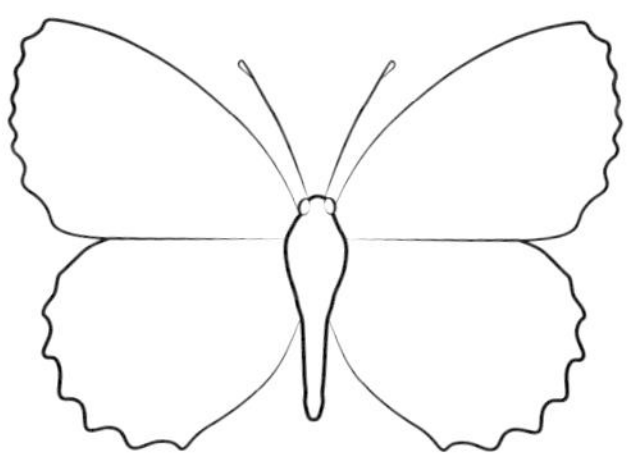

Schachbrettfalter

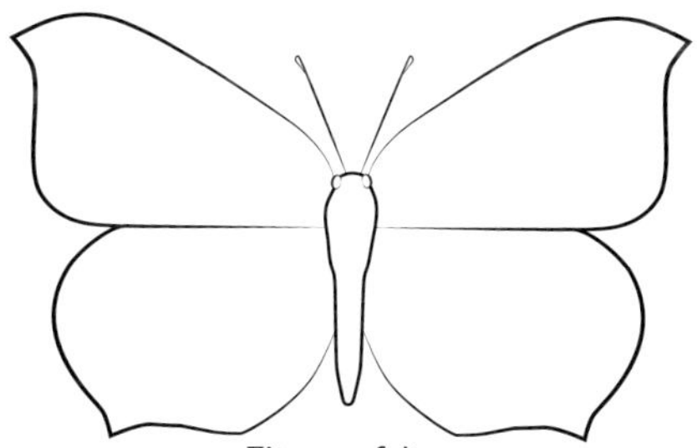

Zitronenfalter

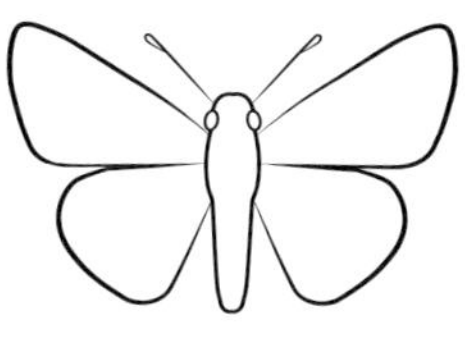

Rostfarbiger Dickkopffalter

Die Umrisse entsprechen nur ungefähr den natürlichen Größenverhältnissen.

Ausstellung von Riesenschmetterlingen aus Karton

Schmetterling ganz groß

Sie projizieren ein Schmetterlingsbild mit den Umrissen und Musterungen der Schmetterlingsflügel und Fühler mithilfe eines Overhead-Projektors oder eines Beamers auf einen dicken Karton an der Wand. Die Kinder übertragen das Bild mit einem schwarzen Stift auf den Karton. Dann wird der Riesenschmetterling mit gut deckenden Farben angemalt und ausgeschnitten. Ein Falz in der Mitte lässt die Flügel leicht zusammenklappen, und mit einer Schnur können die Schmetterlinge aufgehängt werden.
Der Falter kann auch auf Sperrholz übertragen und ausgesägt werden.

Material:
dicker Karton
Schere oder Schneidemesser
Farbstifte
Schnur

Hinweis: Auf der Website www.schmetterlingsland.de des Bund für Umwelt und Naturschutz Deutschland e. V. (BUND) finden sich unter »Material und Download« geeignete Vorlagen für viele verschiedene Schmetterlingsarten.

Schuppen über Schuppen

Schon mit bloßem Auge sind die harten Flügeladern zu sehen, die die hauchdünnen, fast durchsichtigen Flügelmembranen stabilisieren. Unter dem Binokular oder auch schon unter einer starken Lupe lässt sich ein Mosaik von unzähligen kleinen, sehr locker angebrachten Schuppen erkennen, die die Membran schindelartig bedecken und Farbe ins Spiel bringen.

Die Farben sorgen vor allem für den Schutz vor Feinden, indem sie tarnen oder warnen, zur Arterkennung und zur Partnerfindung und sind direkt nach dem Schlüpfen am schönsten.

Die Ober- und Unterseite der Flügel sehen meist unterschiedlich aus, während die Flügel von Männchen und Weibchen meist sehr ähnlich sind. Bei manchen Arten gibt es aber auch große Geschlechtsunterschiede in der Farbe, Musterung oder Größe der Flügel. So sind zum Beispiel bei vielen Bläulingsarten die Männchen oberseits prächtig blau gefärbt, während die Flügeloberseiten der Weibchen braun sind.

Es ist ganz natürlich, dass die Tiere im Laufe ihres Lebens Schuppen verlieren und damit die Zeichnung allmählich blass und undeutlich wird. Auch die Flügelhinterkanten fransen mit der Zeit aus. Aber auch alte Falter oder Wanderfalter, die schon mehrere Tausend Flugkilometer hinter sich und viele Schuppen verloren haben, können noch erstaunlich gut fliegen. Dies, obwohl solche Wanderfalter manchmal richtig schäbig aussehen. Der Schmetterlingskundler nennt das »abgeflogen«.

Die Flügelschuppen bringen nicht nur Farbe, sondern auch Düfte in die Schmetterlingswelt. Manche Schmetterlingsarten haben Duftschuppen, aus denen Duftstoffe verdunsten, die eine Rolle bei der Partnersuche spielen. Diese Schuppen liegen meist auf der Oberseite der Vorderflügel, sind entweder einzeln zwischen anderen Schuppen verteilt

Schuppenstruktur eines Apollofalter-Flügels (links)

Ziemlich abgeflogen, aber noch immer flugfähig: Himmelblauer Bläuling (rechts)

oder aber so konzentriert angeordnet, dass sie sogar mit bloßem Auge zu erkennen sind – so zum Beispiel die dunklen, klar erkennbaren Flecken auf den Vorderflügeln des Rostfarbigen Dickkopffalters (siehe Artporträt Seite 133).

Farbspiele zum Tarnen und Warnen

Durch das Tarnen und Warnen schützen sich Schmetterlinge vor den unzähligen Fressfeinden, die es auf sie abgesehen haben. So sind die grünlich-gelben Zitronenfalter-Weibchen wunderbar getarnt und manchmal kaum von den sonnenlichtdurchfluteten Blättern zu unterscheiden, zwischen denen sie sitzen. Und auch das Tagpfauenauge ist in Ruhestellung mit seinen zusammengeklappten, unterseits dunklen, braunen Flügeln kaum im Pflanzendickicht zu entdecken. Aber welch eine Überraschung, wenn es sich durch einen Fressfeind bedroht fühlt und ganz plötzlich die Flügel aufklappt: Dann starren den Feind große, bunte, augenähnliche Flecken an, dunkel umrandet, mit einer farbig aufleuchtenden Iris und sogar Glanzpunkten darin. Sie täuschen ein riesiges Tier vor und erschrecken den Vogel – ein kleiner Moment, der Leben retten kann, denn die Schrecksekunde nutzt das Tagpfauenauge zur Flucht.

Erstaunter Aufruf eines Kindes:
»Da fliegt ein grüner Zitronenfalter! Ich glaube, der ist noch nicht reif!«
(Nur die Männchen des Zitronenfalters sind zitronengelb. Die Weibchen sind eher blass grüngelb.)

Die unscheinbar gefärbte Flügelunterseite des Tagpfauenauges (links)

Die Warntracht des Sechsfleck-Widderchens (oben)
Das typische Augenmuster des Tagpfauenauges (unten)

Neben der Warnvariante »Vorsicht, ich bin gefährlich« setzen manche Schmetterlingsarten auch auf »Achtung, ich schmecke nicht«. Sie tragen eine Warntracht, die Ungenießbarkeit aufgrund des schlechten Geschmacks oder eingelagerter Giftstoffe signalisieren soll. So weisen etwa die leuchtend schwarz-rot gefärbten Falter und die auffälligen gelb-schwarzen Raupen des Sechsfleck-Widderchens hohe Mengen an Blausäureglykosiden in ihrer Körperflüssigkeit auf, die erst im Körper des Feindes zu giftiger Blausäure umgewandelt werden. Hat der Fressfeind einmal eine schlechte Erfahrung damit gemacht, meidet er das nächste Mal diesen »Ekelbrocken«. Für das erste Sechsfleck-Widderchen (auch Blutströpfchen genannt) kann die Begegnung zwar tödlich enden, aber die anderen Vertreter dieser Art profitieren davon, wenn der Feind dazugelernt hat.

Schmetterling aus Ton

Ihr kreiert Schmetterlinge, die sich in ihrer Umgebung tarnen oder die ihre Fressfeinde mit auffälligen Farben und Mustern warnen. Dazu formt ihr eine kleine Kugel Ton zu einem länglichen Körper und verwandelt sie mit Naturmaterialien in einen Schmetterling: zum Beispiel mit leuchtenden Blütenblättern zu einem bunten Tagfalter, mit Naturmaterialien in gedeckten Farben zu einem gut getarnten Nachtfalter. Dieser ist kaum zu finden, wenn er zum Beispiel an einem Baumstamm sitzt.

Material:
wenig Ton
Naturmaterialien

Neue Schmetterlinge, von Kindern aus Ton und Naturmaterialien geformt

Wie heißt denn du?

Häufig haben die Schmetterlingsnamen direkt mit dem Aussehen zu tun. Die Flügel des Schachbrettfalters erinnern an ein Schachbrett, und woher der Rostfarbige Dickkopffalter seinen Namen hat, wird klar, wenn man ihn anschaut.

Auch Berufsbezeichnungen dienen der Namensgebung. Die Flügelfarben und -muster des Admirals erinnern an eine Admiralsuniform. Und dem Waldportier, der wie ein Portier an den Eingängen zum Wald seine Runden dreht, hat sein Verhalten den Namen gegeben.

Die Schwärmer und der Segelfalter sind nach ihren Flugeigenschaften benannt, andere Schmetterlinge nach ihren Nahrungspflanzen: Die Raupen des Kohlweißlings fressen gern an Kohl, während die Raupen des Rotklee-Bläulings an Rotklee fressen, deren Falter aber auch an anderen Kleearten saugen.

»… nur Spaß«

Ein Blatt zu falten, ist nicht sehr schwer.
Ein ganzes Bündel – schon etwas mehr.
Doch es wird für völlig unmöglich gehalten,
nur ein einziges Mal eine Zitrone zu falten.

Ich habe das schon wiederholt probiert –
und war immer nur mit Saft beschmiert.
Das kann nur einer – als Junger oder Alter.
Darum heißt er auch so. (Der Zitronenfalter.)

Aus: Passecker, H. (1997): Die Pfalzauer Gedichte, Verlag Ennsthaler, Steyr (nur antiquarisch)

Zitronenfalter

Das ist eindeutig ein »Bläuling«!

Bluts-Auge und Tröpfchen-Ochse

Schmetterlingsnamen sind oft aus zwei Wörtern zusammengesetzt. Diese werden einzeln auf Kärtchen geschrieben und an die Kinder verteilt. Die zusammengehörenden Kinder müssen sich dann finden. Dabei können sich witzige Kombinationen ergeben, wie zum Beispiel das Bluts-Auge oder der Tröpfchen-Ochse. Welche Namen sind korrekt? Welches ist der lustigste Name? Wie könnten Schwalben-Fuchs und Kleiner Schwanz aussehen?

Buchstabensalat: Um größere Gruppen zu bilden und das Spiel auch schwieriger zu gestalten, werden die Namen statt in Wörter in Buchstabengruppen zerlegt. Haben sich Di-ste-lfa-lter und A-dm-ira-l gefunden, sind zum Beispiel zwei Vierergruppen für ein nächstes Spiel beisammen.

Material:
Kärtchen mit Wörtern, Silben oder Buchstaben von Schmetterlingsnamen

Schmetterlingspantomime

Kennt ihr bereits einige Falter mit den typischen Verhaltensweisen und dem Aussehen, das ihnen den Namen eingebracht hat? Dann könnt ihr selber in die Rolle dieser Tiere schlüpfen und sie pantomimisch und vielleicht mit Requisiten aus der Natur darstellen. Ein einzelnes Kind oder eine Kleingruppe spielt den Schmetterling vor und die anderen Kinder müssen ihn erraten. Der Apfelwickler kann einen Apfel mit Gras umwickeln, der Bläuling trägt blaue Farben und saugt liebend gern an Hornklee, der Schornsteinfeger versucht ganz weit oben einen Kamin zu reinigen usw. Auch zu Tagpfauenauge und Schwalbenschwanz wird euch etwas Passendes einfallen. Das Ochsenauge und der Kleine Fuchs können als Vierbeiner gespielt werden (beide Falter sind tatsächlich vierbeinig!), aber ihre Bewegungsweise zu unterscheiden, ist schon etwas für Fortgeschrittene.

Material:
nach Bedarf Requisiten aus der Natur

Die Admiralsgruppe findet sich. (unten)

Mit Saugrüssel von Blüte zu Blüte

In Ruhe ist der Rüssel spiralförmig eingerollt, liegt geschützt an der Kopfunterseite und ist kaum zu entdecken. Beim Nektarsaugen rollt der Falter seinen Rüssel ähnlich wie eine Tröte aus. Der Rüssel ist oft länger als der Schmetterlingskörper! Den Rekord hält ein Schwärmer, der in Mexiko und Argentinien vorkommt und mit 28 Zentimetern Rüssellänge seine Körperlänge um das Dreifache überragt. Richtig gigantisch ist aber erst der Rüssel, den die Kinder basteln (siehe unten).

Für die meisten Schmetterlinge ist zuckerhaltiger Blütennektar die Hauptnahrung. Zum Saugen landen sie auf den Blüten oder schweben im Schwirrflug davor. Manche Schmetterlingsarten bevorzugen nur wenige Blütenfarben und -formen. Andere sind überhaupt nicht wählerisch und nutzen fast jede Nektarquelle – egal, welcher Blütentyp und welche Farbe. So fliegt der Zitronenfalter auf alle Blüten, denn er ist früh im Jahr unterwegs und muss vom geringen Blütenangebot nehmen, was er bekommen kann. Richtige Schmetterlingsmagnete sind Distel- und Kratzdistelarten, der Sommerflieder sowie Kleearten und andere Vertreter aus der Familie der Schmetterlingsblütler.

»Wenn ich ein Kohlweißling wär' …«

Langer Kohlweißlingsrüssel

Der Rüssel des Kohlweißlings ist nur ein Drittel kürzer als der Körper. Ihr stellt euch vor, ihr wärt ein Kohlweißling: Wie lang müsste euer Rüssel im Verhältnis zu eurer eigenen Körpergröße sein? Und könntet ihr mit einem solchen Rüssel überhaupt saugen?

Die Kinder messen ihre Körpergröße, teilen den Wert durch drei und ziehen das Ergebnis von ihrer Körpergröße ab. So erhalten sie die Länge ihres Rüssels, der den Proportionen des Kohlweißlingsrüssels entspricht. Die Kinder basteln ihren Rüssel, indem sie Trinkhalme am Ende wenig einschneiden und ineinanderstecken. Damit beim Saugen keine Luft von außen in den Halm gelangt und die Abschnitte nicht auseinanderfallen, werden die Verbindungsstellen mit Klebeband umwickelt. Nun versuchen die Kohlweißlings-Kinder, mit ihrem riesigen Rüssel Saft aus einer Schüssel zu saugen.

Material:
Maßband
Trinkhalme
Schere
Klebeband
Schüssel mit Saft

Großes »Ochsenauge« auf der Flucht

Ochsenauge, pass auf!

Das Nektarsaugen ist eine gefährliche Angelegenheit, denn derweil sind die Schmetterlinge eine leichte Beute!
Auf einem Spielfeld mit definierten Grenzen sind hungrige Große Ochsenaugen auf Nahrungssuche unterwegs und werden dabei von Hornissen gejagt. Die Schmetterlinge versuchen gleichzeitig, von der Startlinie zur Ziellinie zu gelangen und müssen dabei pro Durchgang zwei Portionen Nektar von verschiedenen (!) Blüten zu sich nehmen, ohne von der Hornisse erwischt zu werden. Der Nektar wird in Form von Wäscheklammern angeboten, die an Schnüre geklammert sind und von Blütenkindern bereitgehalten werden. Wer schafft unversehrt drei Laufdurchgänge mit insgesamt sechs Portionen Nektar? Wer gefangen ist, scheidet aus oder löst Blütenkinder ab.
Die Größe des Spielfeldes und die Anzahl der Blütenkinder mit ihrem »Nektar« hängen von der Gruppengröße ab.

Material:
mehrere ca. 60 cm lange, dicke Schnüre mit angeklammerten Wäscheklammern

Das Männchen des Großen Ochsenauges

Bläulings-
versammlung
auf feuchter
Erde

Aber Nektar ist nicht die einzige beliebte Kost: Manche Arten tummeln sich an feuchten Wegstellen, um hier Mineralien und an heißen Tagen auch Feuchtigkeit aufzunehmen, oder nutzen Kot als Stickstoffquelle. Und wenn sich im Hochsommer Schmetterlinge auf unserer verschwitzten Haut niederlassen, haben sie es oft auf die Salze im Schweiß abgesehen, die sie auch mit dem Rüssel aufnehmen. Nicht selten sieht man im Spätsommer unter Obstbäumen den Admiral am Fallobst auf dem Boden naschen: Wenn er nur noch träge zur Flucht bereit ist, war der Fruchtsaft vermutlich schon gegoren!

Schmetterlinge nehmen die Einladung der Blüten zum Besuch in der Hoffnung auf Nahrung an, während die Blüte sie einlädt, um ihre Bestäubung und damit Vermehrung sicherzustellen. Die Pflanzen locken mit ihrer Blütenfarbe und -form, mit ihrem Duft und dem zuckerhaltigen Nektarangebot und pudern die Schmetterlinge bei ihrem Blütenbesuch mit Blütenstaub ein, den sie zur nächsten Blüte mitnehmen. Dabei muss das Nektarangebot großzügig genug sein, dass sich ein Besuch lohnt, aber auch nicht so üppig, dass eine einzige Blüte schon satt machen würde. Die Pflanze ist schließlich zu ihrer Vermehrung darauf angewiesen, dass der Falter den Blütenstaub zu einer nächsten Blüte mitnimmt.

Schmetterling sucht Blüte

Bei diesem Spiel geht es um die Beziehung der Schmetterlinge zu ihren Nektarpflanzen. Voraussetzung ist, dass die Kinder die Pflanzen kennen, die im Suchspiel vorkommen und auch erfahren haben, welche Schmetterlingsart gern an welcher Pflanzenart Nektar saugt. Je jünger die Kinder, desto einfacher und kleiner sollte die Auswahl sein. Die Schmetterlingskinder fliegen auf der Wiese umher, auf der Suche nach den Nahrungspflanzen. Ruft der Spielleiter den Namen eines Schmetterlings, müssen die Kinder blitzschnell die dazugehörige Pflanze auf der Wiese finden und sich zu ihr stellen. Wer sie zuerst erreicht hat, ruft »lecker« und darf beim nächsten Durchgang der Spielleiter sein. Prüfen Sie vorher, ob auf der Wiese genügend der vorgeschlagenen Pflanzen wachsen und blühen. Und fragen Sie zuvor den Landwirt, ob die Kinder auf seiner Wiese spielen dürfen. Er hat sicher nichts dagegen, wenn die Wiese noch nicht hoch gewachsen ist, aber schon genügend Blüten trägt.

Unter anderem die folgenden Pflanzen dienen den entsprechenden Faltern als Nahrungsquelle:
Sechsfleck-Widderchen – Acker-Witwenblume
Admiral – Brombeere, Luzerne
Hauhechel-Bläuling – Hornklee, Wiesen-Platterbse
Tagpfauenauge – Thymian, Roter Wiesenklee, Luzerne, Löwenzahn, Weiden, Efeu
Zitronenfalter – Löwenzahn, Acker-Witwenblume, Flockenblume, Distel
Schachbrettfalter – Acker-Witwenblume, Luzerne, Distel
Schwalbenschwanz – Roter Wiesenklee, Luzerne, Acker-Witwenblume, Flockenblume
Aurorafalter – Wiesen-Schaumkraut, Zaunwicke, Rote Lichtnelke
Kleines Wiesenvögelchen – Hahnenfuß-Arten, Margerite
Schornsteinfeger – Brombeere, Schafgarbe
Großes Ochsenauge – Acker-Witwenblume, Schafgarbe, Weiß-Klee, Thymian, Margerite

Material:
Abbildungen der Pflanzen

Kleines Wiesenvögelchen an einer Acker-Witwenblume

Schmetterlinge sind wählerisch und besuchen keinesfalls jede Blüte. Im Laufe der Evolution haben Wechselbeziehungen und Anpassungen dazu geführt, dass bestimmte Pflanzenarten nur durch bestimmte Tierarten bestäubt werden und umgekehrt bestimmte Tierarten nur an den Nektar bestimmter Pflanzen gelangen. So lockt eine typische Tagfalterblume durch ihren Duft und hat ihren Nektar am Grund einer langen Kronröhre verborgen. Die Blütenblätter setzen oft oberhalb der Kronröhre flach wie ein Teller an, auf dem sich der Schmetterling niederlassen kann. Diese Blüten nennt man auch Stieltellerblüten. Ein gutes Beispiel hierfür ist die Nelkenblüte. Tagfalterblumen sind oft blau, violett, rot oder gelborange.

Viele Nachtfalter dagegen saugen im Schwirrflug und benötigen dabei keinen Landeplatz. Ihre Blüten sind oft weiß oder zumindest hell und haben einen starken Duft, denn sie müssen im Dunklen durch den Geruchssinn der Schmetterlinge zu finden sein.

Akrobatik: Ein Taubenschwänzchen saugt im Schwirrflug Nektar am Sommerflieder.

Distelfalter auf einem ungewöhnlichen Landeplatz

Riechen mit den Fühlern

Wer riecht, der findet: Dämmerungs- und nachtaktive Falter nutzen zur Suche ihrer Nahrungspflanzen und auch zur Partnersuche vor allem den Geruchssinn, während Tagfalter nur zur Fernorientierung riechen und sich dann vor allem auf die Augen verlassen. Für das Riechen der Schmetterlinge sind die Fühler zuständig, die zu beiden Seiten des Rüssels liegen.

»Zeig mir deine Fühler, und ich sage dir, wer du bist.« Tagfalter haben in der Regel schlanke Fühler, die am Ende keulenförmig verdickt sind. Die Nachtfalterfühler können unterschiedlich aussehen: gleichmäßig fadenartig, pfriemförmig oder einfach oder doppelseitig gekämmt (siehe Fotos Seite 72 und 73).

Duft ist nicht gleich Duft

Bei diesem Spiel geht es darum, verschiedene Blütendüfte voneinander zu unterscheiden. Eine kleine Auswahl stark riechender Blüten wie zum Beispiel von Phlox, Lavendel und Oregano werden jeweils in mehrere Filmdöschen gegeben. Die Deckel müssen zuvor mit einem Messer oder einem Pfriem durchlöchert werden. Jedes Kind bekommt ein Duftdöschen und muss die Kinder mit dem gleichen Duft finden, ohne die Dose zu öffnen. Gar nicht so einfach!

Material:
Filmdöschen mit durchlöcherten Deckeln
stark riechende Blüten

Die Welt mit anderen Augen sehen

Schmetterlinge haben zwei große, seitlich liegende Augen, die aus Tausenden von sechseckigen Einzelaugen aufgebaut sind und ein sehr großes Blickfeld ermöglichen. Jedes Einzelauge sieht ein Teilbild, und daraus setzt sich das Gesamtbild zusammen. Es wirkt nicht wie ein durch ein Kaleidoskop betrachtetes Bild, das die Kinder manchmal kennen, sondern sieht eher aus wie ein grob gerastertes Zeitungsbild. Auch die Farben sind anders, als wir sie wahrnehmen, denn Schmetterlinge können auch Farben im Ultraviolett-Bereich (UV) sehen. Sie können nur auf wenige Meter Entfernung richtig scharf sehen, können jedoch wesentlich mehr Bilder pro Sekunde wahrnehmen und haben damit ein viel besseres Bewegungssehen als unser menschliches Auge.

Zeigt her eure Füße

Seine Beine sind nicht zum Laufen geeignet, sondern dienen dem Schmetterling nur zum Festhalten bei der Nahrungsaufnahme, bei der Paarung, beim Eierlegen und beim Ruhen.

Schaut man sich ein Tagpfauenauge, einen Distelfalter oder einen Schachbrettfalter genauer an, könnte man vermuten, dass sie verletzt sind und zwei Beine verloren haben. Doch dem ist nicht so: Edelfalter und Augenfalter haben von Anfang an nur vier voll ausgebildete Beine. Die beiden vorderen sind zu sogenannten winzigen »Putzpfoten« umge-

Das Kleine Wiesenvögelchen gehört zur Familie der Augenfalter und hat tatsächlich nur vier Beine.

wandelt, die sie angewinkelt unter dem Kopf tragen und mit denen sie sich zur Reinigung über Rüssel und Fühler streichen.

Ebenso wie die Fühler tragen auch die Füße Geschmackssinneszellen! Schmetterlinge erkennen über den Geschmack die richtige Eiablagepflanze und auch die Stickstoffverbindungen oder Mineralien zur Nahrungsaufnahme.

Können Schmetterlinge hören?

Manche Nachtfalter haben Hörorgane seitlich an der Brust, am Hinterleib oder an der Flügel- oder Rüsselbasis, mit denen sie Geräusche wahrnehmen können. Sehr hilfreich, wenn man auf diese Weise in der dunklen Nacht die Laute der Fledermäuse wahrnehmen kann. Manche Falter lassen sich dann zum Schutz einfach fallen oder machen zur Ablenkung der Verfolger akrobatische Flugmanöver.

Bei Tagfaltern sind keine richtigen Hörorgane bekannt. Eine Ausnahme bilden die Augenfalter, die Hörsinneszellen in den blasenförmig verdickten Adern an der Vorderflügelbasis aufweisen. Damit nehmen sie vermutlich die Flügelgeräusche jagender Vögel wahr und reagieren auch sehr empfindlich auf klickende und knackende Geräusche, wie sie zum Beispiel beim Fotografieren entstehen.

Schmetterlinge, die noch auf der Welt fehlen

Die Vielfalt der Schmetterlinge scheint unendlich. Ebenso kennt die Fantasie der Kinder keine Grenzen, und die Natur liefert eine unerschöpfliche Fülle an verschiedenen Naturmaterialien und Fundstücken. Was liegt näher, als damit noch mehr Schmetterlinge zu erfinden?

Der Schillerfalter tupft mit seinem Rüssel den Finger ab.

Tipp: Besser oder schlechter als wir?

Lassen Sie zur Wiederholung die Kinder überlegen, was Schmetterlinge besser können als wir (z. B. riechen, fliegen, besseres Bewegungssehen usw.) und worin wir Menschen überlegen sind (Entfernungssehen, hören, laufen usw.).

Ein Schmetterling aus Blüten

Schmetterlings-Tatoos

Einzelne, flache Blütenblätter, Grashalme und andere zarte Naturmaterialien ergeben auf mit Vaseline eingecremter Haut zarte Schmetterlinge und bleiben eine Weile haften. Große Blüten müssen jedoch vorher in ihre einzelnen Kronblätter zerlegt werden, und diese dürfen auch nicht zu dick sein, da sie sonst nicht auf der Haut haften.

Material:
Vaseline oder andere farblose Fettcreme
Blütenblätter oder andere Naturmaterialien

Schmetterlingswerkstatt

Eine schöne Einstimmung auf das »Erfinden von Schmetterlingen« ist das Buch »Die Werkstatt der Schmetterlinge« von Giaconda Belli (siehe Literaturverzeichnis). Es beschreibt, wie die »Gestalter aller Dinge« Tiere und Pflanzen erschaffen. Einer von ihnen hat die Idee, ein Wesen zu gestalten, das fliegen kann wie ein Vogel und gleichzeitig aussieht wie eine Blume: Ein Schmetterling entsteht …
Lesen Sie daraus vor und brechen Sie abrupt an einer geeigneten Stelle ab. Dann können die Kinder den Protagonisten Rodolfo bei seiner Arbeit unterstützen.

Material:
Buch »Die Werkstatt der Schmetterlinge«
Mal- oder Bastelutensilien

Riesiger Kinderschmetterling

Noch liegt der Schmetterling am Boden, dann fliegt er davon!

Diesen tagaktiven Schmetterling gibt es nur ein einziges Mal auf der Welt: Ein Kind legt sich mit an den Körper gelegten Armen auf den Rücken und stellt den Schmetterlingskörper dar. Proportional zu seiner Größe legen nun die anderen Kinder Fühler sowie vier Flügel aus Naturmaterialien und füllen sie komplett mit Blüten, Blättern, Steinen, Ästen, Gräsern usw. aus. Besonders schön wirkt dieser Falter auf einer einfarbigen Decke als Hintergrund. Kunst für den Augenblick, denn lange mag der Körper nicht ruhig am Boden verharren und der Falter hebt ab: Ihr hebt auf ein Zeichen hin gleichzeitig, gemeinsam und mit Schwung die Decke in die Luft und lasst so den Schmetterling davonfliegen.

Material:
einfarbiges Tuch als Unterlage
Naturmaterialien wie Blüten, Blätter, Gräser usw.

Schmetterlingsweg

Diese Aktion eignet sich wunderbar für den Abschluss eines Schmetterlingsprojektes. Auf einem wenig begangenen Wegabschnitt bereiten Sie aus geraden und gleich dicken Stöcken eine Reihe von aneinandergereihten Quadraten vor. Jedes Kind sucht sich ein Quadrat aus und darf in seinem Feld einen Schmetterling aus Blüten, Steinen, Moos, Blättern, Zweigen und anderen Naturmaterialien gestalten. Auf diese Weise entsteht eine Gruppenarbeit aus vielen individuellen Schmetterlingen.

Schmetterlinge aus Naturmaterialien

Eine weniger aufwendige Variante ist es, wenn jedes Kind einen kleinen Schmetterling aus Naturmaterialien auf den Boden legt und ihn selber mit einem Rahmen aus Gras oder Stöckchen versieht.

Material:
Stöcke und weitere Naturmaterialien

Gar nicht einfach, einen Schmetterling auf der Nase zu balancieren!

Schwebender Schmetterling

Ein Zauberschmetterling, der auf einer Bleistiftspitze balanciert? Die Schmetterlingsschablone wird auf Bastelkarton übertragen, ausgemalt und ausgeschnitten. Ganz an die Spitze der beiden Vorderflügel klebt ihr jeweils ein Zwei-Cent-Stück (oder in Größe und Gewicht entsprechende andere Münzen), sodass sie kaum zu sehen sind. Nun kann der Zauberschmetterling auf eurem Finger, auf einer Tischecke, auf einem Stift und sogar auf eurer Nasenspitze scheinbar schweben!

Material:
Schmetterlingsschablone
Karton
Münzen
Kleber
Farbstifte

Hinweis: Ältere Kinder können den Falter auch stark vergrößert aus Sperrholz aussägen und mit Unterlegscheiben aus dem Baumarkt bekleben. Dabei hängt die erforderliche Größe der Scheiben vom Faltergewicht ab.

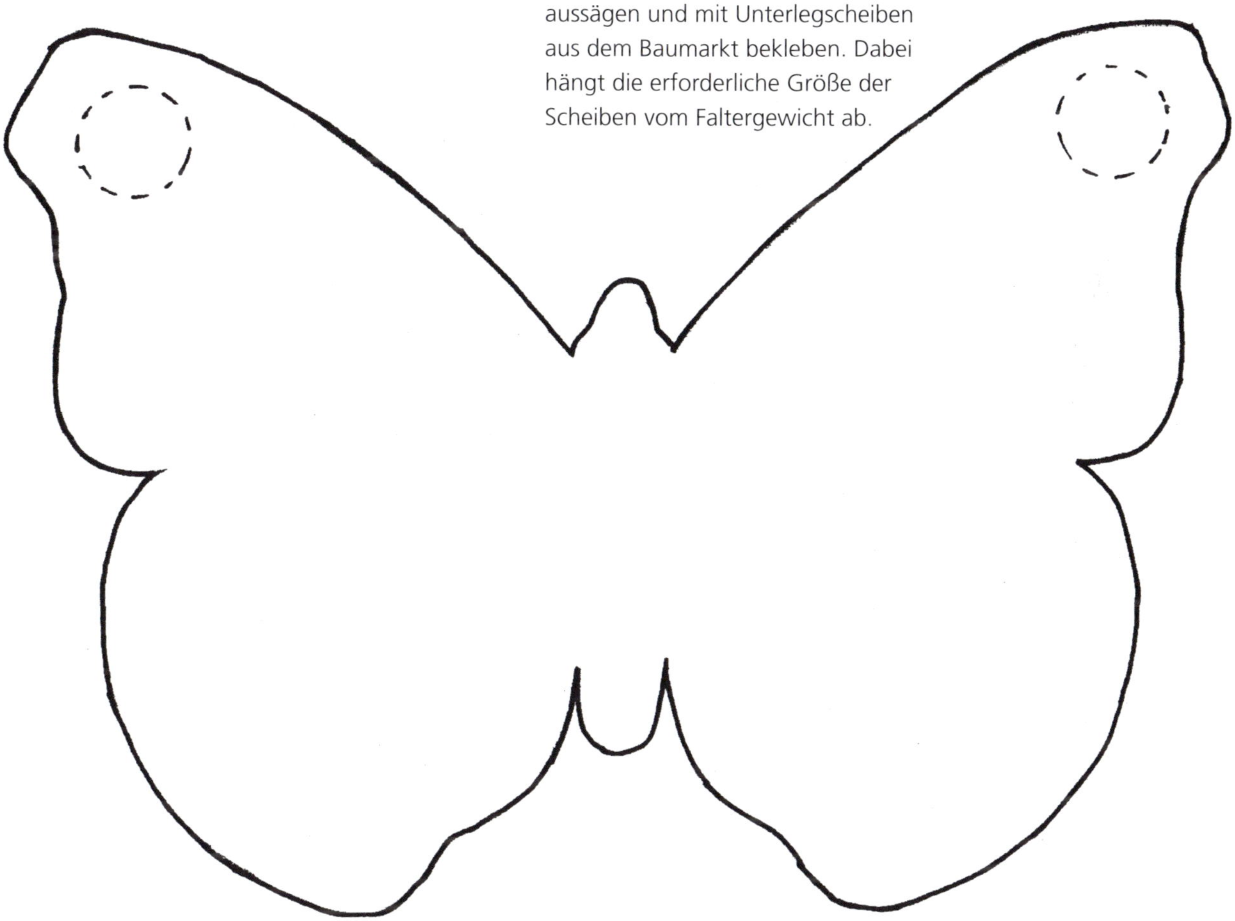

Zarter Seidenpapierfalter

Ihr schneidet zwei ovale Seidenpapierstücke aus, legt sie etwas versetzt übereinander und verbindet sie in der Mitte mit einem Pfeifenputzer, dessen lange Enden wie die Fühler wirken. Die Schmetterlingsflügel müssen vermutlich noch ein wenig zurechtgezupft werden. So entsteht aus weißem Papier mit schwarzen Punkten ein Kohlweißling, während der gelbe Zitronenfalter orangefarbene Punkte an der richtigen Stelle braucht.
Noch echter wirken die Falter, wenn ihr die Flügelränder in der arttypischen Form zuschneidet.

Material:
Seidenpapier
Pfeifenputzer
Farbstifte
Schere

Kunterbunter Eierpappen-Schmetterling

Ihr quetscht aufgeklappte Eierpappen in der Mitte zusammen und umwickelt sie zur Fixierung mehrfach mit einer reißfesten Schnur. Lange Pfeifenputzer ergeben die Fühler, und beim Bemalen mit kräftigen Wasserfarben sind eurer Fantasie keine Grenzen gesetzt. Eine Wand, geschmückt mit vielen verschiedenen, kunterbunten Eierpappen-Schmetterlingen, sieht sehr eindrucksvoll aus!

Material:
Eierpappen
Schnur
Pfeifenputzer
Zubehör für Wasserfarben

Schmetterlinge aus Seidenpapier, Eierkartons und Zuckerkreide (rechts oben)

Noch mehr Schmetterlinge

Die manchmal seltsamen Schmetterlingsnamen können Anlass sein, mit viel Fantasie die Tiere so zu malen, wie ihr sie euch vorstellt. Und vielleicht erfindet ihr auch eine Geschichte, wie es zu dem Namen kam? Dann erst wird nachgeschlagen, wie Baum-Weißling, Berghexe und Blauschwarzer Eisvogel tatsächlich aussehen und woher sie wohl wirklich ihren Namen haben.
Oder Sie lassen die Kinder eigene Namen kreieren und »ihren« Falter malen, beschreiben und den anderen vorstellen. Dabei könnten Kleiner Lilaling, Löwenzahndickkopffalter und andere seltsame Wesen entstehen.

Material:
Papier
Farbstifte oder Wasserfarben

Schmetterling aus Zuckerkreide

Das Malen mit Zuckerkreide ist zwar eine klebrige Angelegenheit, ergibt aber wunderschöne, farbenprächtige Bilder. Ihr weicht Tafelkreide in lauwarmem Zuckerwasser ein (ein Esslöffel Zucker pro Tasse Wasser) und legt sie auch während der Malpausen wieder ins Zuckerwasser. Wenn keine Luftbläschen mehr aufsteigen, könnt ihr die Kreide auf starkem, möglichst rauem Papier oder Karton auftragen. Der Zucker sorgt dafür, dass die Kreide erstaunlich gut an der Unterlage haften bleibt.

Material:
Tafelkreidestückchen
pro Farbe eine Tasse mit lauwarmen Wasser
und einem Esslöffel Zucker
starkes Papier oder Karton

Eine Obstwiese mit Schmetterlingen im Karton

Eine frisch geschlüpfte Raupe des Aurorafalters verspeist ihre Eihülle.

Die vier Leben eines Schmetterlings

Spätestens seit es das Buch »Die Raupe Nimmersatt« gibt, wissen viele Kinder, dass ein Schmetterlingsleben mit dem Ei beginnt. Aus ihm schlüpft eine winzige Raupe, deren Aufgabe es ist, zu fressen, zu fressen und nochmals zu fressen, dabei zu wachsen und sich die Feinde vom Leib zu halten. Eines Tages verwandelt sie sich in die Schmetterlingspuppe, aus der sich auf wundersame Weise schließlich der Falter entwickelt. Diese Verwandlung der Gestalt vom Jugendstadium bis hin zum erwachsenen Tier heißt in der Fachsprache Metamorphose. Sie umfasst bei Weitem nicht nur die äußere Erscheinung. Auch die inneren Organe werden ab- oder umgebaut, die Lebensweise und die Ernährung ändern komplett. So wird aus einem kriechenden, wurmartigen Wesen mit wenig Anmut und mit kauend-beißenden Mundwerkzeugen ein Nektar saugender Flugkünstler.

Im Volksmund wird mit Schmetterling meist nur die fliegende, erwachsene Daseinsform des Schmetterlings bezeichnet. Zoologisch gesehen umfasst der Begriff Schmetterling jedoch nicht nur die Zeit als Falter, sondern auch das Raupen- und das Puppenstadium, die das Tier im Laufe seiner Metamorphose durchläuft. Als Raupe verbringen die meisten Schmetterlinge die längste Zeit ihres Lebens im Verborgenen. Auch wenn ihre Lebenszeit meist nur kurz ist, fallen uns die Falter am meisten ins Auge – als Sonnenanbeter und Luftakrobaten, mit ihrer schillernden Farbenpracht und ihrer unglaublichen Formen- und Farbenvielfalt.

Das Ei eines Schwalbenschwanzes kurz vor dem Schlüpfen der Raupe

Tipp: Pasta-Schmetterlinge

Um für die Kinder die einzelnen Phasen der Metamorphose zu veranschaulichen, legen Sie vier kleine Tücher mit jeweils einem Symbol aus: Graupennudeln als Eier, Spirelli- oder Tortiglioni-Nudeln als Raupen, Gnocchi als Puppen und zuletzt die Farfalle-Nudeln! Oder aber winzige Perlen für das Ei, ein Stück dicke Schnur für die Raupe, eine Pappröhre als Puppenhülle und einen gebastelten Falter.

Wie alt wird ein Schmetterling?

In der volkstümlichen Sprache meinen wir mit Schmetterling meist nur den Falter, wissenschaftlich gesehen fallen aber auch die Puppe und die Raupe unter den Begriff Schmetterling. Und auch die Frage nach der Lebensdauer speziell des Falters ist gar nicht so einfach zu beantworten, denn bei den vielen unterschiedlichen Lebensweisen der Arten gibt es keine allgemeingültige Antwort. Die bunten Falter sind meist Schönheiten von nur wenigen Wochen Lebenszeit. Manche Arten leben sogar nur wenige Tage und nehmen dabei gar keine Nahrung auf. So lebt zum Beispiel das Kleine Nachtpfauenauge nur für die Liebe und stirbt nach wenigen Tagen. Andere Arten überwintern dagegen als Falter und werden mehrere Monate alt.

Der Zitronenfalter schafft es auf stolze zehn Monate als Falter, wenn er nicht vorher einem hungrigen Tier zum Opfer fällt.

Nach ein bis vier Wochen schlüpfen die Raupen meist aus dem Ei und verbringen dann wenige Wochen in diesem Stadium. Überwintert allerdings eine Schmetterlingsart als Raupe, werden diese auch Monate alt. Die Weidenbohrerraupe erreicht sogar ein stolzes Alter von zwei bis vier Jahren, bevor sie sich verpuppt. Auch das Puppenstadium kann entweder nur eine gute Woche oder aber bei Puppenüberwinterung mehrere Monate bis hin zu Jahren (bei manchen Nachtfaltern) dauern.

Aurora- und Zitronenfalter durchlaufen nur eine Generation im Jahr, das heißt nur einen Entwicklungszyklus vom Ei zum Falter. Der Kleine Kohlweißling dagegen schafft es auf drei bis vier Generationsfolgen. Und wenn wir Tagpfauenaugen über Monate hinweg an der gleichen Stelle beobachten, sind das nicht dieselben Tiere. Wenn ihre erste Faltergeneration nach wenigen Wochen stirbt, dann sind längst schon die Raupen der nächsten Generation aus ihren Eiern gekrochen und der Zyklus hat von Neuem begonnen, sodass es zwei Generationen pro Jahr gibt.

Männchen (links) und Weibchen (rechts) des Kleinen Nachtpfauenauges

Die Verwandlung der oft ungern gesehenen, unbeliebten und sogar als hässlich beschriebenen Raupen hin zum schönen Flügelwesen galt über lange Zeit als ein Geheimnis der Natur. Vieles ist unterdessen erforscht, aber gelüftet ist dieses Geheimnis noch immer nicht ganz.

»Schmetterling, du kleines Ding, such dir eine Tänzerin«

Bei der Partnersuche sitzt das Tagpfauenaugen-Männchen gern auf einer Sitzwarte, wartet auf vorbeifliegende Weibchen und vertreibt dabei Rivalen. Andere Arten gehen auch aktiv auf Damensuche.

Nachtfalter finden sich vor allem über den Geruch. Hier sind Düfte im Spiel, die die Weibchen aus Drüsen am Hinterleibsende oder von Duftschuppen an den Flügeln abgeben und damit Männchen anlocken – Duftstoffe als Liebesbotschaft! Bei den Tagfaltern dagegen spielt der Sehsinn bei der Geschlechtersuche die größere Rolle, aber auch hier geben manche Männchen Duftstoffe ab. Oft gehen der Paarung anmutige Balzspiele voraus, bei denen die beiden im Flug umeinandertanzen und sich mit Fühlern und Flügeln berühren. Dann geht's zur Sache: Bei der Paarung pressen Männchen und Weibchen im Sitzen die Hinterleibsöffnungen aneinander und schauen dabei in verschiedene Richtungen. Werden sie dabei zum Beispiel von einem Fressfeind gestört, können sie in dieser Haltung manchmal auch ein Stück weit fliegen, wobei dann ein Partner bewegungslos nach unten hängt.

Männchen (links) und Weibchen (rechts) des Hauhechel-Bläulings bei der Paarung

Tanzlied »Schmetterling, du kleines Ding«

Bei diesem altbekannten Spiellied stehen alle Kinder im Kreis und singen das Lied »Schmetterling, du kleines Ding«. Ein Kind beginnt das Kreisspiel: Es ist der Schmetterling, der zum Liedtext in der Kreismitte umherflattert und -tanzt. Bei der entsprechenden Textstelle sucht es sich ein weiteres Kind – das Weibchen. Beide halten sich bei den Händen und tanzen im Kreis herum. Beim erneuten Singen des Liedtextes flattern nun beide einzeln als Schmetterlinge umher und suchen sich jeweils einen neuen Tanzpartner, bis schließlich alle Kinder im Kreis tanzen.

Am Anfang war das Ei

Beobachtet man im Frühsommer ein Tagpfauenauge eifrig von Brennnessel zu Brennnessel fliegen, liegt der Verdacht nahe, dass ein Weibchen eine geeignete Pflanze zur Eiablage sucht. Dabei müssen aber das Kleinklima und die Qualität der Brennnesselpflanze stimmen. In der Familie der Edelfalter gibt es den »Brennnessel-Club« – eine ganze Reihe von Arten, deren Raupen nur oder vor allem an der Brennnessel fressen, aber bei der Eiablage unterschiedliche Ansprüche an die Luftfeuchtigkeit haben. Der Kleine Fuchs bevorzugt Jungpflanzen an sonnigen und eher trockenen Standorten. Admiral und C-Falter benötigen schon ein wenig mehr Luftfeuchtigkeit. Das Tagpfauenauge braucht ältere, im Halbschatten stehende Brennnesseln mit noch mehr Luftfeuchtigkeit, und das Landkärtchen sucht gern saftige Pflanzen an feuchten Standorten, zum Beispiel an schattigen Waldrändern.

Bei der Eiablage tupft das Weibchen des Tagpfauenauges den gekrümmten Hinterleib an die Pflanze und »klebt« die rund 200 hellgrünen Eier in kleinen, dichten Häufchen

Eispiegel des Tagpfauenauges an einer Brennnessel (links), Ei des Aurorafalters (rechts oben) und des Storchschnabel-Bläulings in einer Storchschnabelblüte (unten)

mit jeweils 50 bis 70 Eiern gut geschützt so an die Blattunterseite, dass sie nicht vom Regen weggewaschen und nicht so einfach von Feinden entdeckt und verzehrt werden können. Manche Arten wie Schwalbenschwanz und Aurorafalter legen ihre Eier einzeln ab, andere in reihenartigen Stapeln, in zweigumfassenden Ringen oder anderen Formationen. Manche Schmetterlingsarten legen sie sorgfältig an einen Pflanzenstängel, in Rindenritzen oder in Astgabeln, andere setzen sich beim Flug über die Wiese kurz auf Grashalme oder anderen Pflanzen ab und deponieren so ihre Eier oder lassen sie sogar aus dem Flug einfach ins Gras fallen.

Auch die Vielfalt und Ästhetik der verschiedenen Schmetterlingseier sind unglaublich. Sie sind entweder schlicht gestaltet oder wie ein Kunstwerk beschaffen: rund, oval, linsen- oder spindelförmig, mit glatter, glänzender oder rauer, strukturierter Oberfläche. Manche Eier haben sternförmige Ornamente oder zahnförmige Fortsätze, sind gerippt oder haben eine punktartige Struktur. Die meisten Eier sind bei der Ablage weiß. Manche bleiben so, andere verfärben sich im Laufe der Entwicklung grau, gelblich, grün, braunrot und sogar orange oder blau. Das Buch »Tagfalter im Winter« von Gabriel Herman (siehe Literaturverzeichnis) beschreibt, wie man Eier und Raupen einiger einheimischer Schmetterlingsarten im Winter auffinden kann.

Für Kinder ist es meist eine befremdliche Vorstellung, dass sich die meisten Schmetterlingseltern nach der Eiablage nicht weiter um ihren Nachwuchs kümmern. Ihre »liebevolle Brutfürsorge« besteht vor allem in der Wahl des richtigen Eiablageplatzes. Wie auch bei vielen anderen Insektengruppen ist mit der Eiablage die Hauptaufgabe der »Erwachsenen« vollbracht, und ihr eigenes, kurzes Leben geht zu Ende.

Aurorafalter in Gefahr

Die ersten Aurorafalter erscheinen im April. Dann sind die Männchen oft beim Hin- und-her-Fliegen an Waldrändern und Wegen zu beobachten, wo sie Weibchen suchen. Die Weibchen wählen für die Eiablage Stängel von Blüten des Wiesen-Schaumkrautes, der Knoblauchsrauke oder anderer Kreuzblütler aus, deren Blüten sich bald öffnen werden, und legen die Eier dicht unterhalb der Blütenknospen ab. So haben die jungen Raupen zarte Blütenblätter und später die älteren Raupen frische Fruchtstände zu fressen. Aber während der Aurorafalter damit beschäftigt ist, einzelne Eier an Pflanzen abzulegen, lauern Gefahren!
Als Spielfeld ist eine längliche Rennstrecke mit vier Tüchern an den Eckpunkten und zwei Stockreihen oder Seilen als Start- und Ziellinie markiert. Ihr seid Aurorafalter und müsst auf dem Weg von der Start- zur Ziellinie pro Durchgang jeweils ein einzelnes eurer vier Eier (Steine) an eine Wiesen-Schaumkraut-Pflanze (auf dem Boden ausgebreitetes Tuch) ablegen. Aber Vorsicht: Ein hungriger Vogel ist gleichzeitig als Fänger unterwegs, und wer gefangen ist, scheidet aus. Ihr startet jeweils gleichzeitig, und es gibt mehrere Laufdurchgänge, bei denen aber immer nur ein Ei abgelegt werden darf. Wer wird zuletzt gefangen, das heißt, wer konnte am meisten Eier ablegen?

Material:
4 Tücher als Eckmarkierungen
2 Seile (oder mehrere Stöcke)
4 Steine pro Kind
je nach Gruppengröße 2 bis 4 Tücher am Boden

Männlicher Aurorafalter an einer Wiesenschaumkrautblüte

Recycling: Eine Schwalbenschwanzraupe frisst ihre Eihülle

Aus dem Leben der Raupen

Die winzige Raupe, die eines Tages aus dem Ei schlüpft, ist ein ausgesprochen gefräßiges Wesen, das von Tag zu Tag wächst. Raupen erfahren von den Menschen im Allgemeinen wenig Zuneigung und gehören für viele eher zu den »Ekeltieren«. Im Gegensatz zu den beliebten Faltern werden sie oft als hässlich und gefräßig beschrieben. Aber auch unter den Raupen gibt es wunderschöne Tiere, und wer einmal die Verwandlung der Raupe zum Falter miterlebt hat, wird von da an Raupen mit anderen Augen sehen!

Der Raupenkörper

Wenn wir eine große Raupe mit der Lupe betrachten, können wir die Unterteilung des wurmartigen Körpers in viele kleine Ringel oder Segmente erkennen, die auch die Abschnitte Kopf, Brust und Hinterleib des späteren Falters schon erahnen lassen.

Die feste Kopfkapsel trägt auf jeder Seite sechs winzige, punktförmige Augen, mit denen die Raupe nur Helligkeiten unterscheiden und Bewegungen wahrnehmen, aber kein scharfes Bild sehen kann. Darunter sitzen kurze, stummelartige Fühler, mit denen sie riechen und die Nahrung prüfen kann. Auch weitere Sinnesorgane im Mundbereich helfen, über den Geschmack die richtige Nahrungspflanze zu finden. Beim Fressen benutzen die Raupen ihre kauend-beißenden Mundwerkzeuge, die sich scherenartig an Blättern zu schaffen machen und nach und nach ganze Zweige und Pflanzen kahl fressen können.

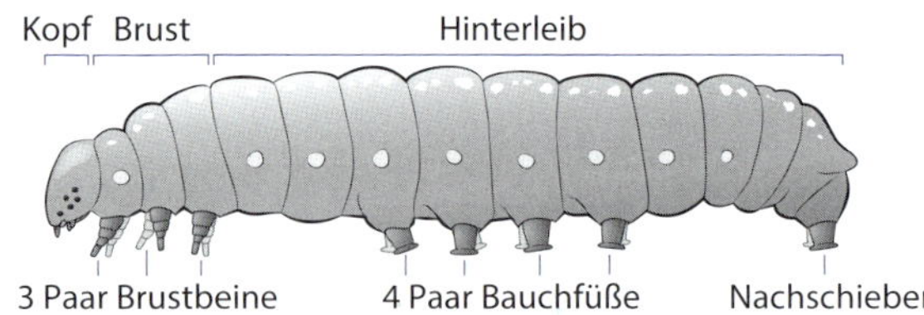

Raupen des Kleinen Nachtpfauenauges unter der Lupe

Am Brustabschnitt der Raupe sitzen drei gegliederte Beinpaare zum Festhalten an der Nahrung. Hierbei handelt es sich um echte Insektenbeine. Am Hinterleib kommen meist noch vier Paare ungegliederter, sogenannter Bauchfüße hinzu. Diese sind Hautausstülpungen, an deren Enden sich viele Krallen befinden, mit denen sich die Raupe gut festhalten kann. Am letzten Körperring des Hinterleibes findet sich der kräftige »Nachschieber«. Die meisten Raupen klammern sich bei Gefahr an der Unterlage fest. Das Ablösen des Nachschiebers ist ohne Verletzung kaum möglich.

Bei großen Raupen lassen sich schon mit bloßem Auge seitlich am Körper kleine Löcher (Stigmen) entdecken, durch die der Körper über ein Röhrensystem überwiegend passiv durch Diffusion mit Sauerstoff versorgt wird.

Raupe des Tagpfauenauges (links) und des Kleinen Nachtpfauenauges (rechts)

Das große Fressen

Die Hauptaufgabe der Raupe ist zu fressen, und nicht ohne Grund bedeutet das englische Wort »caterpillar« für Raupe so viel wie »Fresssäule«!

Alle heimischen Tagfalter-Raupen leben von pflanzlicher Nahrung, aber es müssen nicht immer Blätter sein. Auch Zweige, Äste, Knospen, Früchte, Samen, Stängel, Rinde und Wurzeln werden verputzt. Durch ihren Heißhunger vertausendfachen Raupen ihr Körpergewicht in wenigen Wochen. Manche Arten können sich von verschiedenen Pflanzenarten ernähren, andere sind auf eine einzige Pflanzenart angewiesen und verhungern, wenn diese nicht vorhanden ist.

Ein dichtes Raupennest des Tagpfauenauges

Tipp: Um die Nahrungsabhängigkeit der Raupen zu veranschaulichen, ordnen Sie oder die Kinder zum Beispiel die Bilder von Schwalbenschwanz, Apfelwickler, Mehlmotte, Kohlweißling, Tagpfauenauge, Kleinem Fuchs und Admiral den ausgelegten Nahrungspflanzen der Raupen zu: Fenchel oder Karotte, Apfel, Gebäck oder Haferflocken, Kohl, Brennnessel.

Wettlauf der Dickkopffalter-Raupen

Zwei Gruppen von ungefähr gleich großen Kindern stellen Raupen des Rostfarbigen Dickkopffalters dar und laufen um die Wette. Dazu steht ihr dicht hintereinander und habt eure Hände auf den Schultern des vorderen Kindes. Das allererste Kind der Schlange liegt zu Beginn bäuchlings auf dem Boden. Dann heißt es: »Auf die Plätze, fertig, los!« Das zweite Kind geht mit gespreizten Beinen über das liegende und legt sich dann ebenfalls bäuchlings davor, sodass das erste Kind die Füße des zweiten mit ausgestreckten Armen halten kann. Ebenso steigen die folgenden Kinder über die vor ihnen liegenden. Wenn alle Kinder liegen und eine lange Raupe bilden, darf das hinterste wieder aufstehen, über den ganzen Raupenkörper klettern und sich wieder zuvorderst hinlegen.
Gewonnen hat entweder die Gruppe, die als Erste auf diese Weise eine vorher vereinbarte Strecke zurückgelegt hat, oder die Gruppe, die als Erste eine bestimmte Anzahl Durchgänge geschafft hat.

Rostfarbiger Dickkopffalter

Als Spannerraupe unterwegs

Die Raupen der Spanner haben eine ganz besondere Art der Fortbewegung: Sie krümmen ihren Körper bogenförmig in die Höhe und stoßen sich dann mit dem Nachschieber und dem einzelnen Bauchbeinpaar ab und strecken sich dabei nach vorn. Dann ziehen sie den Nachschieber vor und bilden erneut den Bogen.

Ein einzelnes Kind geht als Spannerraupe im Vierfüßlerstand auf den Boden, läuft so weit wie möglich auf den Händen nach vorn und zieht dann erst die Beine nach. Besonders gut klappt das, wenn die Beine in einem rutschigen Schlafsack stecken.

Je nach Art kommt es im Raupenleben meist fünf Mal zu einer Häutung. Die Haut kann nicht mitwachsen und die Tiere müssen im wahrsten Sinne des Wortes »aus der Haut fahren«. Ein bis zwei Tage vorher kommen sie oft zur Ruhe und hören mit dem Fressen auf. Die alte, zu eng gewordene Haut reißt auf, zieht sich zusammen und gibt die neu gebildete Haut darunter frei. Die alte Haut wird oft verzehrt. Die neue Haut ist noch weich und dehnbar, härtet aber mit der Zeit auch aus.

Manchmal sehen die verschiedenen Häutungsstadien so unterschiedlich aus, dass man nicht dasselbe Tier darin vermutet.

Die typische Fortbewegungsweise einer Spannerraupe (links)
Eine Schwalbenschwanzraupe im vierten Larvenstadium verzehrt ihre alte Raupenhaut (rechts).

Lästig seit Jahrtausenden: Motten und andere »Ärgerlinge«

Aufgrund der Gefräßigkeit der Raupen ist das Verhältnis von Mensch zu Schmetterling keinesfalls immer positiv. Motten in der Küche? Niemand heißt diesen Schmetterling willkommen, dabei leben die Falter nur für die Liebe und nehmen gar keine Nahrung mehr auf. Nur die Raupen der Mehl- und Dörrobstmotten sind es, die sich über Mehl, Haferflocken, Gebäck, Brot und anderes hermachen, die Lebensmittel mit ihren Kotkrümeln verunreinigen und sich dort einspinnen.

Groß ist das Entsetzen auch über die Schmetterlinge, deren Raupen sich im Schrank an unserer Kleidung erfreuen. Die Kleidermotte lebt in der Natur eigentlich in Nestern von Vögeln und anderen Tieren und ernährt sich von tierischen Eiweißen wie Chitin und Horn. Das Weibchen legt bis zu 250 Eier – gern auch auf unsere Wolle, auf Pelz oder Federn –, und die Raupen fressen dann die wohlbekannten Löcher in diese Stoffe. Weltweit gibt es diese Tierchen, und schon in 3000 Jahre alten Quellen werden sie als Schädlinge erwähnt.

Auch in manchem leckeren Apfel kommt uns ein Schmetterling näher, als uns lieb ist. Wenn uns beim Reinbeißen ein kleines, wurmartiges Etwas begegnet, kann das die Raupe eines Apfelwicklers sein, aus dem ein kleiner, unscheinbarer Nachtschmetterling wird (siehe Artporträt Seite 122).

✂ Apfelschmetterling

Eine nettere Idee als die Vorstellung vom »Wurm im Apfel« ist dieser Apfelschmetterling:
Ihr schneidet einen Keil Fruchtfleisch bis zum Kernhaus aus dem Apfel heraus. Dieser wird in der Mitte halbiert, vorsichtig aufgeklappt und auf den Apfel gesetzt. Die Apfel-Schmetterlinge erfordern viel Fingerspitzengefühl, denn wenn der Keil nicht tief genug geschnitten wurde oder zu dünn ist, zerbricht er beim Aufklappen.

Material:
Äpfel
scharfe Messer
Vorlage (siehe Foto oben)

Was ist schlimmer als ein Wurm im Apfel? Ein halber Wurm …
Welches ist der genügsamste Schmetterling? Die Kleidermotte – sie frisst nur Löcher!
Eine Mehlmotte zur anderen: »Die Menschen freuen sich immer so, wenn sie mich sehen. Sie klatschen vor Freude in die Hände!«

Apfelwicklerjagd

Im folgenden Spiel sind wenige Apfelwickler-Weibchen in der Dämmerung bei der Eiablage unterwegs und werden dabei von Fledermäusen verfolgt, die Lust auf ein Nachtmahl haben.
Die anderen Kinder sitzen in einem Kreis, der die fünf Apfelwickler-Weibchen sicher umgibt, und draußen kreisen zwei hungrige Fledermäuse. Die Weibchen müssen jeweils ein Ei (kleiner Stein) an irgendeinen der vier Äpfel ablegen, die außerhalb des Kreises auf vier Tüchern verteilt sind. Werden sie dabei von einem Fledermaus-Kind gefangen, scheiden sie aus. Schaffen sie es jedoch unversehrt, bleiben sie zunächst an ihrem Tuch.
Der Spielleiter erklärt nun den Kindern, dass in der Realität jetzt eine Raupe aus dem Ei schlüpft, sich in den Apfel hineinfrisst und im Juli wieder herauskommt. Ihr Weg den Stamm hinab, wo sie sich im Borkenversteck einspinnen und verpuppen will, birgt viele Gefahren. Um dies nachzuspielen, werden nun die an den Äpfeln wartenden Kinder zu Raupen und müssen von hier zurück in den Kreis (Baumstamm) laufen, ohne gefangen zu werden.
Ist auch diese Aufgabe geschafft, kann der Apfelwickler sich getrost verpuppen, überwintern, zum Falter werden und den Kreislauf von Neuem beginnen.

Material:
vier Tücher mit jeweils einem Apfel
Steine als Eier

»Apfelwickler« auf der Flucht vor der Fledermaus

Die Raupe des Weidenbohrers

Aber nicht immer sind Raupen unbeliebt. Im alten Rom waren die mit Honig zubereiteten Raupen des Weidenbohrers bei Feinschmeckern sehr beliebt, während in Asien gegrillte Seidenraupen auch heute noch als Delikatesse gelten. In Australien graben Ureinwohner kiloweise Raupen des Holzbohrers aus, um sie zu verspeisen. In Afrika werden gekochte Raupen zur Konservierung geräuchert, in der Sonne getrocknet und in Konservendosen verkauft. So sind die Geschmäcker verschieden …

Ein Wurm im Pelzmantel?

So vielfältig wie die erwachsenen Schmetterlinge sind auch die Raupen: mal einfarbig, mal bunt, manche glatt, andere rau, mal getarnt wie ein kleines Stöckchen, mal auffällig und so stark behaart wie »ein Wurm im Pelzmantel«. Behaarte Raupen sollte man übrigens nicht anfassen, denn die Haare haben eine Schutzfunktion, können sich in unsere Haut bohren und sie mit Giftstoffen reizen, die eigentlich für die Fressfeinde gedacht sind. Manchmal kann das sogar zu allergischen Reaktionen führen.

Wer als Raupe überleben möchte, muss sich gut tarnen oder aber die Feinde warnen, um nicht gefressen zu werden. So sind die älteren Aurorafalter-Raupen grün wie das Blatt, an dem sie fressen, und tragen einen hellen Seitenstreifen. Dieser ist nach unten scharf begrenzt und geht nach oben allmählich in die grüne Grundfärbung über. Dadurch kommt es zur Aufhellung des Körperschattens und zu einer guten Tarnung. Die Kleine Kohlweißlings-Raupe ist ebenfalls grünfarben getarnt und zusätzlich ungenießbar aufgrund der scharfen Senföle, die aus ihren Nahrungspflanzen stammen.

Die Warnbotschaften »Achtung, ich schmecke scheußlich« und »Vorsicht, ich bin gefährlich und wehre mich« täuschen oft auch falsche Tatsachen vor. Durch abschreckende Augenflecken, Körperausstülpungen und das Ausstoßen von übel riechenden Sekreten bei Bedrohung jagen manche harmlosen Raupen ihren Feinden einen Schrecken ein.

Viele Jungraupen sind von Beginn an Einzelgänger. Andere leben im Sinne von Teamwork in den ersten Stadien nah beieinander und spinnen sich zum Schutz in zeltartige Gespinste ein, so zum Beispiel das Tagpfauenauge und die verschiedenen Gespinstmotten.

Bunte Vielfalt der Raupen: Distelfalter (oben links), Zitronenfalter (oben rechts), Sechsfleck-Widderchen (unten links) und Schachbrettfalter (unten rechts)

Bunter Leckerbissen

Ein Kind kniet als Schwalbenschwanz-Raupe mit verbundenen Augen am Boden. Um die Raupe herum stehen im Kreis hungrige Vogel-Kinder. Diese schleichen sich auf ein Startzeichen hin alle gleichzeitig lautlos an die Raupe an. Wenn diese jedoch das Anschleichgeräusch eines Kindes wahrnimmt, ruft sie laut »Stopp«, und alle Vogel-Kinder müssen sofort stehen bleiben. Schwalbenschwanz-Raupen können bei Bedrohung einen ekligen Geruch verströmen: Das Raupen-Kind hat dazu eine Wasserspritzpistole in der Hand, und wenn es mit dem Wasserstrahl das »laute« Kind trifft, muss dieses zurück zum Ausgangspunkt gehen. Trifft es jedoch daneben, dürfen sich die Vögel auf das Zeichen des Spielleiters hin weiter anschleichen. Hat jemand die Schwalbenschwanz-Raupe schließlich berührt, gilt sie als »gefressen«, und ein anderes Kind kommt in die Mitte.

Bei diesem Spiel ist ein strenger Schiedsrichter nötig, denn die Kinder werden versuchen, heimlich immer weiter zu schleichen, um ihrem Ziel schnell näher zu kommen. Auf »Stopp« müssen wirklich alle sofort stehen bleiben, und die Raupe darf in die vermutete Richtung spritzen. Erst wenn der Schiedsrichter »weiter« sagt, dürfen sich die Vögel wieder in Bewegung setzen.

Material:
Augenbinde
Wasserspritzpistole

Eine ausgewachsene Raupe des Schwalbenschwanzes

Scheinbar tot, aber lebendig: die Puppe

Irgendwann hört die »Fressmaschine« auf zu fressen. Die Raupe läuft unruhig umher, entleert den Darm und schrumpft dabei. Sie lässt sich an einem ruhigen, gut geschützten Plätzchen nieder. Das Tagpfauenauge heftet sich mit dem Hinterteil an die Unterlage und verharrt kopfüber circa zwei Tage in dieser Haltung. Dann erst reißt die Raupenhaut auf, wird mit zuckenden Bewegungen nach oben in Richtung Kopf geschoben und gibt die hellgrüne Puppenhaut frei. Aus der Raupe ist eine Puppe geworden. Sie scheint äußerlich wie tot, aber im Inneren waltet die pure Lebenskraft: Im Zeitraum von meist wenigen Wochen vollzieht sich das Wunder der Verwandlung, indem fast der gesamte frühere Raupenkörper aufgelöst und zu einem Falterkörper umgebildet wird, mit anderen Augen, längeren Fühlern, anderen Mundwerkzeugen und Flügeln. Eine sehr gefährliche Zeit, denn die Tiere können sich nicht bewegen oder wehren und sind sehr empfindlich, besonders wenn die Puppenhaut zunächst noch weich ist. Die Puppe des Tagpfauenauges verfärbt sich später bräunlich und ist perfekt in der Umgebung getarnt (siehe Seite 93).

Die meisten Tagfalter verpuppen sich frei, das heißt ohne einen zusätzlichen Kokon. Beim Stürzpuppentyp (Familie Edelfalter) befestigen sich die Raupen mit ihrem Hinterteil wie mit einem Klettverschluss in einem Gespinstpolster an einer festen Unterlage und hängen mit dem Kopf nach unten. Beim Gürtelpuppentyp (Familie Weißlinge, Ritterfalter,

Tipp: Um die Haltung einer Stürzpuppe zu demonstrieren, halten Sie das leichteste Kind an den Füßen fest und lassen es kopfüber nach unten hängen.
Um eine Gürtelpuppe vorzuführen, umschlingen Sie sich selber und ein Kind mit einem Seil. Wenn das Gürtelpuppen-Kind auf Ihren Füßen steht, können Sie langsam und vorsichtig immer mehr Seil ausgeben, sodass sich das Kind mit gestreckter Körperhaltung nach hinten in das Seil legen kann.

»Verpuppung«, mit Straßenkreide aufs Pflaster gemalt

manche Bläulinge) verankert sich die Raupe bei der Verpuppung auch in einem Gespinstpolster, allerdings mit dem Kopf nach oben und mit einem gürtelartigen Gespinstfaden, der um die Körpermitte gesponnen wird. Dieser befestigt die Puppe an einer Unterlage, beim Aurorafalter zum Beispiel an einem holzigen Pflanzenstängel. Die Puppen der Augenfalter und mancher Bläulinge liegen dagegen frei am Boden.

Viele Nachtfalter verpuppen sich an oder in der Erde. Oft spinnen ihre Raupen vorher um sich herum einen Kokon als Austrocknungs- und Fraßschutz. Ein berühmtes Beispiel ist der Maulbeerseidenspinner, aus dessen weißlichen Kokons der Seidenfaden gewonnen wird. Die Raupen der Zuchtformen spinnen in wenigen Tagen einen bis zu vier Kilometer langen zusammenhängenden Faden!

Tipp: Für Kinder ist diese Länge des Seidenfadens nur schwer vorstellbar. Sie können sie verdeutlichen, indem Sie die Kinder einen Wollfaden von zum Beispiel hundert Metern Länge um eine Gruppe von drei eng beieinander stehenden Kindern wickeln lassen. Vierzigmal länger wäre der Seidenfaden eines Zuchtkokons!

Puppe des Aurorafalters (links), des Schachbrettfalters (rechts oben) und des Zitronenfalters (rechts unten)

Ein Spinner im Seidenhemd

Seit Jahrtausenden wird in China aus den Kokons des Maulbeerseidenspinners Seide hergestellt. Sie galt damals als wertvolles Zahlungsmittel und war im Wert vergleichbar mit Gold und Silber. Erst spät breitete sich die Kenntnis der Seidenproduktion in Europa aus. In Spanien, Italien und Frankreich, wo der Maulbeerbaum gedeiht, wurde Seide hergestellt, aber die chinesische Seidenqualität wurde dort nicht erreicht. Auch in Deutschland gab es Produktionsversuche, die aber nicht von Erfolg gekrönt waren, weil der Maulbeerbaum nicht frosthart ist.

Der Maulbeerseidenspinner ist ein Nachtfalter, dessen Raupe sich nur von Blättern der verschiedenen Maulbeerbäume ernährt und sich ein Verpuppungsgespinst (Kokon) baut. Eine Spinndrüse in der Mundgegend spinnt dazu einen sehr dünnen, elastischen, zähen Faden, der bei den Zuchtformen in nur fünf Tagen drei bis vier Kilometer lang wird! Er ist umgeben von einer hauchdünnen Schicht Seidenleim, der an der Luft aushärtet, und wird in Bewegungen wie eine Acht um die Raupe geschlungen. Im Kokon würde sich die Raupe weiter zum Falter verwandeln, aber bereits nach sechs oder sieben Tagen werden die Zuchttiere durch heißes Wasser abgetötet. Damit wird auch der Seidenleim gelöst und der Faden kann abgewickelt und verarbeitet werden. Er ist allerdings so dünn, dass er dazu mit mehreren anderen Fäden zusammen gehaspelt werden muss.

Etwa 80 verschiedene Falterarten lassen sich für die Seidengewinnung nutzen, wobei aber die meisten nur für die Wildseidengewinnung infrage kommen: Hier darf der Falter zuvor schlüpfen, sodass der Faden aus vielen kurzen Stücken besteht, die der Wildseide ihr typisches unregelmäßiges Aussehen geben. Für einen Seidenschal lassen übrigens 500 Puppen ihr Leben, für ein Seidenkleid mit 500 Gramm Gewicht sind es sogar 1700.

Der Maulbeerseidenspinner und sein Kokon

Der Seidenfaden – hauchdünn und stabil

Mit einfachen Mitteln lässt sich die Gewinnung von Seidenfäden aus Kokons (Bezugsadresse siehe Anhang) zeigen. Die Kokons von Maulbeerseidenspinnern werden für zwei bis drei Minuten mit ein wenig Waschmittel in heißem Wasser eingeweicht. Dabei löst sich der natürliche Kleber zwischen den einzelnen Seidenfäden, und mithilfe einer Zahnbürste lässt sich der Faden »angeln«, um ihn dann abzuwickeln. Zu Beginn des Abwickelns ist er meist noch mit anderen verflochten, wird vermutlich mehrmals reißen und für Frustration sorgen. Nach einigen Metern aber ist der Punkt gekommen, von wo er sich vorsichtig über sehr lange Strecken abwickeln lässt. Arbeitet ihr dabei gut als Team zusammen, könnt ihr ohne Weiteres fünfzig Meter und mehr schaffen, bevor der fast unsichtbare Faden doch einmal reißt oder irgendwo hängenbleibt.

Am besten starten Sie das Experiment mit zwei oder drei Gruppen parallel. Die Kinder stehen in einer langen Reihe nebeneinander und lassen den Faden über ihre Fingerspitzen laufen. Ein Kind wickelt den Faden ab und läuft mit dem Kokon in der Schüssel rückwärts, oder aber der Fadenanfang wird von der Schüssel weggetragen. Irgendwann reicht sicherlich die Zahl der Kinder nicht mehr aus, um ihn noch weiter zu transportieren. Dann müssen alle als eine Gruppe zusammenarbeiten.

Material:
Kokons von Maulbeerseidenspinnern
pro Gruppe eine Schüssel heißes Wasser mit etwas Waschmittel und eine Zahnbürste

Der hauchdünne Seidenfaden wird abgewickelt und von vielen Händen behutsam gehalten.

Das Schlüpfen des Falters

Es ist so weit! Gegen Ende der Puppenzeit wird die Puppenhülle durchsichtig und die Farben des bald hinausdrängenden Falters lassen sich schon erahnen. Der Körper drückt von innen gegen die Hülle, sodass sie sich an einer Sollbruchstelle wie ein Reißverschluss öffnet. Zuerst erscheinen Kopf und Beine, dann quetscht sich das ganze, noch weiche und feuchte Tagpfauenauge hinaus und klettert an der Puppenhaut nach oben. Seine Flügel sind noch zusammengefaltet und müssen erst aufgespannt werden, indem Körperflüssigkeit in die Adern gepumpt wird. Dann dauert es noch eine Weile, bis sie getrocknet und gehärtet sind – gefährliche ein bis zwei Stunden, in denen der frisch geschlüpfte Falter noch nicht fliegen kann. Der Rüssel besteht beim Schlüpfen noch aus zwei Hälften, die erst zu einem Saugrohr zusammengelegt werden. Der Falter ist bereits ausgewachsen und kann später auch keine Körperteile mehr regenerieren, falls er verletzt wird. Sowie der Körper flugbereit ist und ihn die Sonne kitzelt, macht sich das Tagpfauenauge auf in die Luft, auf der Suche nach Blütennektar und Artgenossen.

Wer sich noch an die schwarzen, stacheligen Raupen des Tagpfauenauges erinnert (siehe Seite 50 und 51) und wie sie langsam über die Brennnesselblätter laufen und ohne Ende fressen, dem erscheint es wie ein Wunder, dass dasselbe Tier nun als farbenprächtiger Falter von Blüte zu Blüte tanzt.

Zitronenfalterpuppe kurz vor dem Schlüpfen; die gelben Flügel schimmern schon durch.

Metamorphose des Schornsteinfegers

Bei diesem Bewegungsspiel treten wenige Gruppen gegeneinander an. Es geht um Schnelligkeit. Nach jeder Etappe werden Punkte vergeben, und gemeinsam wird jeweils die nächste Station begonnen. Sieger ist am Ende die Staffelgruppe mit den meisten Punkten.

Als **Schornsteinfeger-Raupe** läuft jede Gruppe von der Startlinie zur gegenüberliegenden Ziellinie. Dabei steht ihr hintereinander, legt beide Hände auf die Schultern des vorderen Kindes und lauft im Gleichschritt. An der Ziellinie liegen vor jeder Raupe als Nahrung auf einem Tuch zwanzig Steine (eigentlich frisst sie ja Gras ...). Nun frisst das Tier, indem das vorderste Kind einen Stein nach dem anderen aufhebt und nach hinten reicht, wobei die andere Hand immer auf der Schulter des Vorderkindes bleibt, damit die Raupe nicht zerbricht. Das letzte Kind legt die Steine als Kotkrümel in einen leeren Eimer. Heruntergefallene Steine scheiden aus. Welche Raupe hat am schnellsten alles (!) aufgefressen und erreicht als Erste wieder die Startlinie?

Schornsteinfeger beim Nektarsaugen

Im **Puppenstadium** steht ihr als Staffel an der Startlinie. Das erste Kind wird von den anderen in ein Tuch gewickelt, denn die Schornsteinfeger-Raupen verpuppen sich in zusammengesponnenen Gräsern. Dann erst darf es (wieder ausgewickelt) von hier zur Ziellinie und wieder zurückrennen, das nächste Kind abklatschen, sodass dieses ein- und wieder ausgewickelt wird und dann losrennen kann. Welche Gruppe ist zuerst fertig? (Ein kleiner Kompromiss zugunsten des Spieles, denn Puppen können natürlich nicht laufen.)

Bei einem Staffellauf vom Kleinen Fuchs oder einer anderen Art mit Stürzpuppe müsst ihr alternativ zum Einwickeln einen Handstand machen, bevor ihr loslaufen dürft.

Die **frisch geschlüpften Falter** des Schornsteinfegers brechen zu ihrem ersten Flug und zur Nektarsuche auf. Auf der Rennstrecke jeder Gruppe sind hintereinander drei Blüten auf einem Tuch oder Papier ausgelegt. Jedes Kind jeder Staffelgruppe fliegt nacheinander mit zwei flatternden Tüchern in den Händen und einem Trinkhalm im Mund von einer zur nächsten der drei Blüten. Ihr müsst alle Blüten mit dem Halm berühren, so als würdet ihr Nektar schlürfen und dabei die Blüte auch bestäuben. Ebenso geht es wieder zurück. Welche Schornsteinfeger-Gruppe ist am schnellsten?

Beim letzten Durchgang werden **Eier** abgelegt. Dazu lauft ihr einzeln von der Startlinie zum Ziel und legt dort einen Stein auf ein Tuch (so wie die Schornsteinfeger-Weibchen ihre Eier zu Boden fallen lassen) oder befestigt eine Wäscheklammer am Stock (so wie der Zitronenfalter seine Eier einzeln an Faulbaumtriebe legt). Ohne Ei geht es wieder zurück, bevor das nächste Kind starten kann.

Die »Raupen« laufen und fressen
um die Wette.

Welche »Falter« sind beim Fliegen
und Eierlegen die schnellsten?

Material:
2 Seile oder Stockreihen für die Start- und Ziellinie
für die Raupen: pro Gruppe 1 Tuch, 1 Eimer, 20 Steine
für die Puppen: pro Gruppe 1 Seil oder Tuch
für die Falter: pro Gruppe 3 Tücher mit Blüten und 2 Flügeltücher, pro Kind 1 kurzer Trinkhalm
für das Eierlegen: pro Gruppe 1 Tuch und pro Kind 1 Stein

✂ Verwandlung in der Klopapierrolle

Mit dieser Bastelarbeit für Kindergartenkinder lässt sich die Verwandlung von der Raupe zum Falter »zaubern« und veranschaulichen. Aus zwei 1,5 Zentimeter breiten Papierstreifen wird eine Raupen-Hexentreppe gebastelt: Dazu klebt ihr die Streifen am Ende so zusammen, dass sie einen rechten Winkel bilden und dann abwechselnd und kreuzweise übereinandergefaltet werden können. Als Puppe dient eine leere Klopapierrolle, die braun beklebt oder angemalt wurde. Den Falter bastelt ihr aus Seidenpapier (siehe Anleitung »Zarter Seidenpapierfalter« Seite 40) oder aus Filzwolle und steckt ihn von oben in die Klopapierrolle.
Um die Metamorphose zu verdeutlichen, wird die Raupe in das untere Ende der Klopapierrolle gesteckt. Sie »verpuppt« sich hier während einer Zeit der äußeren Ruhe. Nach einer Weile ohne Lebenszeichen schlüpft dann aus dem oberen Ende der Rolle der Falter, indem ihr von unten gegen ihn drückt. Auch Filzwolle ergibt einen schönen Falter, wenn ihr zwei Wollflocken aneinander legt und mit einem Pfeifenputzer als Fühler fixiert.

Material:
Klopapierrolle
braunes Papier oder braune Wasserfarbe
Kleber
Schere
Papierstreifen
Seidenpapier oder Filzwolle
Pfeifenputzer

Schmetterlinge im Winter

Für ein sonnen- und wärmebedürftiges Wesen, das seine Energie an Blütennektar tankt, ist der Winter ein dramatischer Einschnitt. Es gibt keine Nahrung mehr und das Erfrieren droht. So vielfältig die Schmetterlinge im Aussehen und in ihrer Lebensweise sind, so verschieden sind auch ihre Überwinterungsstrategien.

Von den 190 Tagfalterarten in Deutschland verbringen bei uns nur sechs Arten den Winter als Falter. Das Tagpfauenauge ist eine davon, ebenso der C-Falter, der Zitronenfalter, der Trauermantel sowie der Kleine und der Große Fuchs. Bis auf den Zitronenfalter ziehen sie sich alle in geschützte Räume wie Baumhöhlen, Fuchsbauten, Mauselöcher, Rindenspalten in der Natur zurück, wo der Frost nicht gar so grimmig ist. Oder sie überwintern in Schuppen, Dachböden, Mauerfugen und Hohlräumen hinter Bretterwänden. Dort hängen sie kopfüber mit zusammengeklappten Flügeln. Erwärmt die Sonne ihre Verstecke oder beginnt man im kühlen Dachzimmer zu heizen, beginnen sie Flugversuche zu machen und brauchen dringend Nahrung. Das kann beim Kleinen Fuchs und beim Zitronenfalter schon Ende Februar sein, wenn noch der letzte Schnee liegt. Die Nektar spendenden Frühjahrsblüher wie zum Beispiel Salweide, Taubnessel und Huflattich sind dann für sie überlebenswichtig.

Eisige Kälte: Männlicher Zitronenfalter im Winter

Der Zitronenfalter

Wenn der Schnee zerrinnt,
wenn der Frühling beginnt,
wenn die allerersten Veilchen blühn,
schwebt ein gelbes Ding
durch die Luft dahin,
wie eine Blume, so leuchtend und leicht:
ein Schmetterling.

Du siehst es
und freust dich sehr:
Der Zitronenfalter –
wo kommt er her?
Es hat gefroren,
es hat geschneit –
wo war er die lange Winterszeit?

Draußen im Wald
in dem hohen Wald,
steht von Preiselbeerbüschen
ein winziger Wald.
In dem dichten Gezweig
saß er tief versteckt,
wochenlang von Schnee bedeckt,
von mir nicht, von dir nicht, von niemandem entdeckt.

Steif und still,
still und steif
saß er und schlief;
kein Toter schläft tiefer,
so schlief er, so tief,
bis der Frühling kam,
der ihn rief.

Aus: Guggenmoos, J. (1998): Was denkt die Maus am Donnerstag, Beltz Verlag, Weinheim und Basel.

Der Schwalbenschwanz verbringt den Winter als Gürtelpuppe.

Der Zitronenfalter ist ein Extremist, denn er bleibt im Freien und trotzt dem Winter mit Eis und Schnee: Er wartet versteckt im Brombeergebüsch, im Efeu, unter einem Blatt oder in rauer Borke auf bessere Zeiten. Vorher entwässert er seinen Körper, und ein Frostschutzmittel in den Zellen sorgt dafür, dass er auch bei sehr tiefen Minusgraden keine Frostschäden davonträgt.

Ungefähr die Hälfte unserer Tagfalterarten verbringt den Winter als Puppe. Sie sind in dieser Zeit an eine Pflanze oder eine andere feste Unterlage geheftet. Ab April, und damit ein wenig später als die Falterüberwinterer, fliegen dann auch diese Schmetterlinge durch die Natur.

Einige unserer Tagfalterarten überdauern den Winter als Jungraupe, als »pubertäre Jugendliche« oder als ausgewachsene Raupe. Boden, Borke, dichte Vegetation und andere geschützte Orte in der Natur kommen für sie infrage. Dazu gehören zum Beispiel der Schachbrettfalter und der Rostfarbige Dickkopffalter sowie Schornsteinfeger und Großes Ochsenauge.

Nur fünf Prozent unserer tagaktiven Schmetterlingsarten sind im Winter als Ei an Pflanzenteile geheftet. Da sie noch die ganze Zeit als Raupe und Puppe vor sich haben, sind sie meist erst im Sommer als Falter zu beobachten.

Wanderfalter – die zarten Nomaden der Luft

Unter unseren einheimischen Schmetterlingen gibt es einige Arten, die wahre Flugleistungssportler sind und den Winter im tiefen Süden verbringen. So startet der Admiral im Spätsommer von uns aus in Richtung Südeuropa und Nordafrika. Er fliegt wenige Meter über dem Boden. Der Weg ist je nach Startpunkt 1000 bis 2000 Kilometer lang und verläuft über die Alpen und das Mittelmeer! Im Süden angekommen, legt er Eier, und die nächste Generation kommt im Sommer zu uns zurück. So war es früher die Regel, aber inzwischen können in milden Wintern und in wärmeren Lagen nördlich und südlich der Alpen immer mehr Tiere auch in den verschiedenen Stadien bei uns überdauern.

Prachtvoller Admiral

Die Flügelunterseite des Distelfalters

Zug der Admirale

Ein zarter Schmetterling wagt den Zug über die Alpen Richtung Süden. Aber sein Zug ist gefährlich, denn unterwegs lauern viele Gefahren.
Auf einem breiten Weg oder zwischen zwei Baumreihen werden im Abstand von 15 Metern eine Startlinie und eine Ziellinie markiert. An der Startlinie steht ihr als spätsommerliche Admirale und fliegt auf ein Zeichen hin los in Richtung Süden (Ziellinie). Dabei müsst ihr lauernden Gefahren aus dem Weg gehen, das heißt einem Fänger, der in der Mitte wartet und die vorbeiziehenden Schmetterlinge fangen will. Wer berührt wird, erstarrt genau an dieser Stelle und darf seinen Platz bis Spielende nicht mehr verlassen. Bei der nächsten Flugetappe sind auch diese Kinder eine »Gefahr« und dürfen mitfangen – allerdings ohne dabei ihren Platz zu verlassen. Wer bleibt bis zum Schluss übrig und erreicht damit als Admiral den Süden?

Folgende Gefahren können auf die Falter lauern:

- zu spät am Abend fliegen und von einer Fledermaus erwischt werden;
- erschöpft Rast machen, um an einem Fallapfel zu saugen und Energie zu tanken, und dabei überfahren werden;
- vom Sturm am Alpenpass gegen die Felsen gedrückt werden;
- Beute eines hungrigen Vogels werden;
- Zusammenstoß mit einer Autowindschutzscheibe.

Material:
Markierung für die Start- und Ziellinie

Als der Wanderfalter und Langstreckenflieger schlechthin gilt bei uns der Distelfalter. Er kommt im Juni aus Gebieten südlich und nördlich der Sahara und aus Südeuropa zu uns und bewältigt damit je nach Startpunkt 2000 bis 3500 Kilometer Flugstrecke. Wo Blüten locken, wird unterwegs Rast gemacht, um mit Nektar wieder neue Kraft zu tanken. Wenn die Tiere hier ankommen, sieht man ihnen die Flugstrapazen oft an, denn sie wirken mit verblasster Flügelfärbung und ausgefransten Rändern »abgeflogen«.

Bei uns durchläuft der Distelfalter zwei bis drei Generationen und die »neuen« Tiere ziehen im Spätsommer wieder in den Süden zurück. Auch dort durchlaufen sie mehrere Generationen, bevor die Nachkommen im Folgejahr wieder zu uns kommen.

Der Distelfalter ist ein guter, ungestümer Flieger, und es ist nicht einfach, ihn zu fangen oder aus der Nähe zu beobachten. In manchen Jahren gibt es richtige Invasionen, wenn Wanderzüge aus Millionen Tieren unterwegs sind.

Zu den Wanderfaltern gehören auch die Gammaeule und das Taubenschwänzchen.

Schmetterlingsgeografie

Ihr verfolgt im Atlas die Flugstrecke eines Admirals von seinem Wohnort über die Alpen bis ans Mittelmeer und sogar bis Nordafrika. Wie viele Kilometer Luftlinie sind das?
Der Distelfalter schafft 2000 bis 3000 Kilometer in zwei Wochen und kann bis zu 50 Kilometer pro Stunde schnell fliegen. Wie weit ist seine durchschnittliche Flugstrecke pro Tag?

Material:
Abbildung von Admiral und Distelfalter
Atlas
Lineal

Ein Distelfalter, dem die Strapazen des weiten Fluges anzusehen sind

Männchen des Kleinen Nachtpfauenauges mit seinen kammförmig verzweigten Fühlern

Nachtfalter – die andere Seite der Schmetterlingswelt

»Motten« nennt der Volksmund alle graubraunen Schmetterlinge, die des Nachts unterwegs sind und sich vom Licht anlocken lassen. »Nachtfalter« sagt der Fortgeschrittenere zur großen Gruppe der nachtaktiven Schmetterlinge, unter denen es große und kleine, unscheinbar »mottenartige« und auffallend farbenprächtige Arten gibt. Die Vielfalt der Nachtfalter ist riesig! Die Trennlinie zwischen den Tag- und Nachtfaltern ist etwas unscharf, denn nicht alle Falter, die anatomisch gesehen zu den Nachtfaltern gehören, sind auch wirklich nachtaktiv, wie der Name eigentlich vermuten lässt.

Alle Tagfalter haben Fühler mit keulenförmig verdickten Enden, während die Fühler der Nachtfalter meist fadenförmig, pfriemförmig oder einfach oder doppelseitig gekämmt sind. Diese Oberflächenvergrößerung trägt dazu bei, dass Nachtfalter extrem gut riechen können. Schließlich müssen sie ihre Weibchen und Futterpflanzen im Dunkel der Nacht finden. Dann öffnen Geißblatt und Nachtkerze, Seifenkraut und Zaunwinde ihre Blüten

Tipp: Tag- oder Nachtfalterflügel?

Ihr hockt als ruhende Tag- und Nachtfalter am Boden und probiert die verschiedenen Flügelhaltungen aus: als Tagfalter die Arme nach oben über den Kopf gestreckt, als Nachtfalter seitlich abgespreizt neben den Rücken oder weit nach hinten über den Rücken – gar nicht so einfach!

Ausrufungszeichen (Agrotis exclamationis), ein Nachtfalter mit fadenförmigen Fühlern

und verströmen einen betörenden Duft. Darauf »fliegen« die Nachtfalter, um mit ihren langen Rüsseln zum Saugen in die tiefen Kelche zu dringen. Auch bei der Suche nach Artgenossen lassen sich die Nachtfalter vom Geruch leiten und finden sich über kilometerweite Entfernungen.

Außerdem unterscheiden sich Tag- und Nachtfalter durch ihre Körperform und Flügelhaltung. Die eher grazilen Tagfalter haben meist einen schmalen Körper mit kleinem Kopf, während die meisten Nachtfalter eher gedrungen wirken. In Ruhestellung sind die Tagfalterflügel nach oben über dem Rücken zusammengeklappt. Bei den Nachtfaltern dagegen liegen sie seitlich abgespreizt über dem Boden oder dachförmig flach über dem Körper. Aber dieses sind keine klaren, systematischen Unterschiede, sondern dienen eher zu einer pragmatischen Einteilung der Faltervielfalt.

Das Leben in der Nacht ist gefährlich, denn hier sind Fledermäuse auf der Jagd nach Leckerbissen unterwegs. Aber auch für diesen Aspekt des Lebens im Dunklen gibt es faszinierende Anpassungen bei den Schmetterlingen. Verschiedene Typen von Hörorganen wurden entwickelt, die seitlich an der Brust, dem Hinterleib oder an der Flügel- oder Rüsselbasis sitzen. Damit können die Nachtfalter die Ultraschalllaute der Fledermäuse wahrnehmen und lassen sich dann blitzschnell fallen oder stellen sich tot. Noch trickreicher: Einzelne Arten erzeugen selber Ultraschalllaute, um die Fledermäuse zu verwirren. Eine dichte Behaarung des Körpers schützt nachts vor Auskühlung, verschluckt das Echo der Fledermausrufe und hilft, sich aus klebrigen Spinnennetzen besser befreien zu können.

Die »Fledermaus« hat die »Gammaeule» erwischt.

Gammaeule und Fledermaus

Ein Gammaeulen-Kind und ein Fledermaus-Kind sind von einem großen Kreis Kinder umgeben, die sich die Hände reichen und damit eine Spielfeldgrenze schaffen. Beiden Tier-Kindern sind die Augen verbunden und sie können sich nur über das Hören wahrnehmen. Die Fledermaus stößt mit einem lauten, fragenden »wo?« einen Ultraschall aus, auf den die Gammaeule mit einem »hier« antworten und damit sein Versteck preisgeben muss. So versucht die Fledermaus den Falter zu orten, ihn zu fangen und schließlich zu fressen. Der Falter dagegen nutzt alle Tricks, um ihr vorher zu entkommen: leise Schritte, sich klein machen, Abstand halten usw.

Die Gammaeule mit ihrer typischen Zeichnung

Material:
zwei Augenbinden

Der Zitronenfalter Balthasar

Eines Abends wollte Balthasar, der kleine Zitronenfalter, nicht mehr mit den vielen anderen Schmetterlingen unter den Blättern von Sträuchern und Bäumen sitzen und schlafen. Als die anderen Schmetterlinge schon schliefen und Eusebius, der alte Kohlweißling, sogar leise vor sich hin schnarchte, flatterte Balthasar einfach davon. Er wollte in der Nacht etwas erleben. Aber er kam nicht weit. Bald merkte er, dass er in der Dunkelheit kaum sehen konnte. Und schon stieß er mit einem grauen Nachtfalter zusammen. Beide purzelten auf den Boden. »Du Trottel!«, schimpfte der Nachtfalter. »Ein Zitronenfalter muss doch in der Nacht schlafen. Weiß du das nicht? Weißt du nicht, wie gefährlich die Nacht für einen Tagfalter ist?« Der graue Nachtfalter wollte eigentlich noch mehr sagen. Weil er aber eine Eule entdeckt hatte, die auf dem untersten Zweig eines Baumes saß und nach leckerer Beute spähte, war er ganz schnell verschwunden.

Zitternd blieb der Zitronenfalter Balthasar allein zurück. Er hörte die Eule keuchen und prusten. So etwas hatte er noch nie gehört. »Dich fresse ich!«, rief die Eule. »Einen so leckeren Schmetterling habe ich schon lange nicht mehr gehabt. Hörst du, wie mein Magen knurrt?« Balthasar zitterte noch mehr. »Ich will aber nicht gefressen werden«, jammerte er. »Was habe ich dir denn getan?« Die Eule aber hatte kein Erbarmen. »Du schmeckst mir! Ich will dich fressen«, rief sie. »Aber ich bin doch ein Zitronenfalter«, jammerte der kleine Schmetterling. »Siehst du, ich bin ganz gelb. Und weil ich ein Zitronenfalter bin, schmecke ich auch wie eine Zitrone, nämlich ganz sauer! Ohne Zucker bin ich ungenießbar.« »Brr!« Die Eule schüttelte sich. »Zitronenfalter ohne Zucker mag ich nicht«, sagte sie.

So war Balthasar gerade noch einmal mit dem Leben davon gekommen. Nun wagte er sich aber nicht mehr hoch in die Luft, denn dort war es ihm zu gefährlich. Dicht über dem Boden flog er weiter und blieb auf einem Feldweg erschöpft sitzen. Da ging ein einsamer Spaziergänger vorüber, und fast wäre er auf den Zitronenfalter getreten! Mit letzter Kraft kroch der kleine, gelbe Balthasar unter einen Strauch. Dort blieb er bis zum Morgen sitzen. Er war furchtbar müde, als die anderen Schmetterlinge ausgeschlafen in die Luft flatterten und in der Sonnenwärme zu tanzen und spielen begannen. Fast den ganzen Tag verschlief der Zitronenfalter Balthasar. Abends erzählten die anderen Schmetterlinge, wie schön der Tag gewesen war. »Wir haben schon lange nicht mehr so lustig gespielt und getanzt wie heute«, sagte ein ganz bunter Falter. »Morgen spielen wir wieder. Balthasar, bist du wieder dabei?« Balthasar kroch unter ein Blatt. Er nahm sich vor, ab sofort jeden Abend brav einzuschlafen und nie mehr in die Nacht hinauszuflattern.

Erdmann, H.: Der Zitronenfalter Balthasar (Text leicht abgeändert), in: Bischoff, J. und Vormstein, M. (1991): Das große Gutenachtbuch für kleine Träumer, Verlag Naumann und Göbel, Köln.

Schmetterlingsexkursion: Auf dem Weg in die Welt der Schmetterlinge

Kinder unterwegs als Schmetterlingsforscher

Auf geht's! Es ist Sommer, das Wetter ist »schmetterlingsfreundlich«, die Kinder sind ausgerüstet für einen Schmetterlingsausflug und Sie haben ein paar Tage zuvor schon geprüft, dass zurzeit an Ihrem Zielort tatsächlich verschiedene Falter zu beobachten sind. Es gibt nämlich auch »Flautezeiten«, in denen die einen Falterarten für das Jahr schon wieder von der Bildfläche verschwunden sind und die anderen noch in der Puppenhülle stecken.

Auf Faltersuche – Tipps zum Beobachten

Schon an warmen, sonnigen Märztagen können wir nach den ersten Frühlingsboten unter den Schmetterlingen Ausschau halten. Spätestens jetzt, manchmal aber auch schon früher, sind Kleiner Fuchs, Tagpfauenauge und Zitronenfalter unterwegs. Im April gesellen sich dann der Aurorafalter, der Kleine Kohlweißling und das Waldbrettspiel hinzu. Und im Mai tauchen immer mehr Arten auf, bis im Juni und Juli der Höhepunkt erreicht ist und auch die Hochsommerfalter wie Großes Ochsenauge, Schornsteinfeger und Sechsfleck-Widderchen unterwegs sind. Ab August wird die bunte Falterwelt wieder artenärmer, im September erst recht. Im Oktober sind es nur noch wenige Arten und Individuen, die ihren Hunger an reifem Obst, an Herbstblumen und an blühendem Efeu stillen. Doch sogar am Adventsfenster gibt es Schmetterlinge! Der bis vier Zentimeter große, meist gelb-braun gemusterte Große Frostspanner ist im tiefen Winter auf Hochzeitsflug und sucht eines der ungeflügelten Weibchen, die an Baumstämmen warten. Dabei verirren sich manche Tiere an unsere erleuchteten Fenster.

Am besten könnt ihr Schmetterlinge an warmen, sonnigen Tagen zwischen spätem Vormittag und Nachmittag beobachten. Ist es allerdings sehr heiß, dann verschwinden sie um die Mittagszeit von der Bildfläche und legen eine Ruhepause ein. Auch bei Regen und Wind werdet ihr keine Falter entdecken.

»Kennst du den?« (links)

»Da sitzt der Bläuling! Siehst du ihn?« (oben)

Schmetterlingsprotokoll

Auf einer schmetterlingsreichen Wiese oder Hochstaudenflur gibt es viel zu beobachten. Hier sind ältere Kinder in Kleingruppen als Schmetterlingsforscher unterwegs und versuchen folgende Fragen zu beantworten:

- Wie viele verschiedene und welche Schmetterlingsarten sind hier unterwegs?
- Welche Blüten werden überhaupt von Schmetterlingen angeflogen? Wie ist deren Farbe und Form?
- Konzentriere dich auf eine einzelne Schmetterlingsart: Wie viele und welche Pflanzenarten besucht sie? Bevorzugt sie eine bestimmte Pflanzenart oder zum Beispiel alle violetten oder gelben Blüten? Oder lässt sie sich zum Saugen auf vielen verschiedenen Blüten nieder? Lässt sich vielleicht sogar beantworten, auf welche Farbauswahl die meisten Schmetterlinge fliegen?
- Spannend ist es auch, auf diese Weise verschiedene Lebensräume wie Wald, Wiese, Gewässerrand und andere blütenreiche Orte miteinander zu vergleichen. Ein mit der Hand geformtes Fernrohr oder eine Toilettenpapierrolle helfen euch, den Blick zu fokussieren.
- Ein Schmetterlingskalender schärft den Blick für die jahreszeitlichen Veränderungen: Zwischen März und Oktober führt ihr über jeweils eine Woche in Kleingruppen Buch und tragt zusammen, welche und wie viele Schmetterlinge ihr beobachten konntet – auf dem Schulweg, während Ausflügen, im eigenen Garten.

Material:
Bestimmungsbücher für Schmetterlinge und Blütenpflanzen
Schreibzeug

Schmetterlingsdetektive liegen in der Wiese auf der Lauer.

Manche Arten haben so etwas wie eine innere Uhr: So ist zum Beispiel der Kleine Kohlweißling oft schon morgens zu sehen, während der Admiral als »Langschläfer« eher gegen Mittag und Nachmittag auftaucht.

Hat sich ein Schmetterling niedergelassen und ihr möchtet ihn aus der Nähe beobachten, wie er zum Beispiel seinen Rüssel in die Blüte steckt, müsst ihr schnelle Bewegungen und Schattenwurf beim Anschleichen vermeiden und euch in Geduld üben. Geräusche dagegen stören die Tiere im Allgemeinen nicht. Manche Arten sind ganz scheu und flüchten sofort, wenn sie uns wahrnehmen, andere bleiben länger sitzen. Insbesondere Sechsfleck-Widderchen lassen sich gut aus der Nähe bestaunen: Sie hängen manchmal zu mehreren an einem Blütenstand und denken nicht daran zu flüchten, denn sie verlassen sich auf ihre Warntracht.

Zum Anlocken von Schmetterlingen gibt es viele Rezepte für Schmetterlingscocktails aus Fruchtsaft, Honig und Alkohol, aber der Erfolg lässt erfahrungsgemäß auf sich warten. Der Grund ist wohl, dass Tagfalter ihre Nektarquellen vor allem über die Augen und nur untergeordnet über den Geruchssinn finden. Auch wenn die Falter an die »Tankstelle« kämen, wäre dieses Füttern sicherlich kein Beitrag zum Schutz der Schmetterlinge.

Nachtfalter dagegen finden ihre Nektarquellen im Dunkeln über den Geruch und lassen sich deshalb besser mit Cocktails anlocken – zumindest dann, wenn in der Natur zu dieser Zeit nicht viele Nahrungsquellen vorhanden sind.

Schmetterlingscocktail für Nachtfalter

Speziell für Nachtfalter hat sich folgendes »Schoppenrezept« bewährt: 250 g reifes Obst zerkleinern, in 125 g Zucker aufkochen, und wenn der Brei erkaltet ist, 125 g Rotwein hinzugeben. Alternativen wären eine Mixtur aus Malzbier, Sirup, Apfelmus und etwas Rum oder ein Gemisch aus Rotwein, Zucker und Apfelmus.

Diese Paste wird in der Dämmerung in Augenhöhe an raue Baumrinde, Zaunpfähle und andere Strukturen aufgestrichen – am besten auf der windabgewandten Seite, weit weg von Zivilisationslichtern und in trüben, windstillen, mondlosen, lauen Sommernächten. Es lohnt sich, nach einer Stunde nachzuschauen, ob sich hungrige Falter niedergelassen haben.

Und wenn die Kinder im Rahmen einer Nachtwanderung später wieder an diesem Ort vorbeikommen, finden sie vielleicht andere Arten, denn verschiedene Nachtfalterarten sind zu verschiedenen Zeiten unterwegs.

Und »Nachtschwärmer« haben keine Polizeistunde, denn sogar gegen Morgen tauchen noch neue Arten auf.

Material:

Zutaten für den Cocktail

Teller mit Stein für die Tagfalter bzw. breiter Pinsel für den Nachtfalterschoppen

Auf geht's dem Schmetterling hinterher!

Falter aus der Nähe – Tipps zum Fangen

Kaum habt ihr euch angepirscht, fliegen die Schmetterlinge schon weiter – auf der Flucht oder auf der Suche nach der nächsten Nektarquelle. Möchtet ihr sie aus der Nähe betrachten, gibt es zwei Möglichkeiten: entweder das Fangen und anschließende Umsetzen in ein Fangglas oder das Fotografieren mit einer Digitalkamera. Wird der Falter als Bild festgehalten, kann er später in aller Ruhe mit einem Buch bestimmt werden.

Naturschutzgesetze regeln unseren Umgang mit Tieren und verbieten, geschützte Tierarten zu fangen. In Naturschutzgebieten ist es überhaupt nicht gestattet, irgendwelche Tiere zu fangen. Aber auch alle anderen wildlebenden Tierarten sind per Gesetz generell geschützt, das heißt, sie dürfen nicht mutwillig beunruhigt werden oder ohne vernünftigen Grund gefangen werden. Doch was ist ein vernünftiger Grund?

Das genaue Betrachten und Bestaunen eines Schmetterlings aus allernächster Nähe kann zutiefst berühren und schafft eine besondere Beziehung zu diesem Tier. Dem umstrittenen und für den einzelnen Schmetterling in der Tat nicht immer ungefährlichen Fangen und Einsperren steht gegenüber, dass »hautnahe« Naturerlebnisse zu mehr Naturverständnis und Wertschätzung beitragen und die Voraussetzung für einen verantwortungsvollen Umgang mit Natur sind. Auch der kleine Prinz sagt: »Du bist zeitlebens für das verantwortlich, was du dir vertraut gemacht hast« (Antoine de Saint-Exupéry: Der kleine Prinz).

In Deutschland dürfen Sie außerhalb von Naturschutzgebieten Schmetterlinge zu pädagogischen Zwecken fangen und mit den Kindern bestimmen, wenn es keine geschützten Arten sind, wenn Sie achtsam mit ihnen umgehen und wenn Sie sie baldmöglichst wieder frei lassen.

In der Schweiz sind die gesetzlichen Bestimmungen zum Fang von Schmetterlingen je nach Kanton unterschiedlich (siehe www.lepido.ch).

»Wen haben wir denn da gefangen?«

Es braucht Geduld, bis der Hauhechel-Bläuling seine leuchtende Flügeloberseite zeigt.

In Österreich ist Naturschutz Sache des Landes, und genaue Informationen zu den gesetzlichen Bestimmungen geben die Naturschutzabteilungen des jeweiligen Landes.

Für das Fangen sind die kleinen Bach- und Tümpel-Kescher völlig ungeeignet, denn das Netzmaterial ist zu steif und der Durchmesser ist zu klein. Die Fangversuche werden nicht von Erfolg gekrönt sein und könnten die Tiere ungewollt verletzten. Richtige Schmetterlingsnetze gibt es im Fachhandel, sind aber nicht ganz billig. Das eigentliche Fangen und anschließende Umsetzen lässt man sich am besten von einem erfahrenen Schmetterlingskundler zeigen. Es muss mit den Kindern geübt werden, bevor sie eigenverantwortlich ein Netz in die Hand bekommen. Erfahrungsgemäß können schon zehnjährige Kinder gut und verantwortungsvoll damit umgehen – manche früher, andere später. Prüfen Sie vorher unbedingt kritisch, welchem Kind Sie das Fangen tatsächlich zutrauen möchten, denn das ist kein Kinderspiel!

Gemeinsam den Schmetterlingen auf der Spur

Das Umsetzen vom Fangnetz in das Becherglas will geübt sein und das Fangen ebenso.

Schmetterlinge fangen ist kein Spiel!

Der achtsame Umgang mit diesen zarten Wesen beim Fangen ist absolute Voraussetzung, und folgende Regeln müssen unbedingt zum Schutz der Tiere befolgt werden:

- Es kommt immer nur ein Tier ins Gefäß.
- Die Tiere dürfen niemals im geschlossenen Gefäß in der Sonne gelagert werden, sondern sollten immer im Schatten sein.
- Die Fanggefäße werden ruhig gehalten oder abgestellt, damit es wenig Erschütterungen gibt.
- Zappeln die Tiere zu sehr, verlieren sie Schuppen und könnten sich verletzen. Dagegen hilft manchmal das Abdunkeln unter dem eigenen Pullover oder unter einem Tuch, wodurch sich die Tiere beruhigen. Wenn auch das nicht zum Erfolg führt, ist eine mitgebrachte Kühltasche mit einer kühlen (aber nicht eisigen) Innentemperatur die Notlösung. Den Kindern erscheint ein solches Einsperren im dunklen und kühlen Gefäß vielleicht als gemein. Für die Tiere ist es jedoch schonender, als sie zappeln zu lassen. Sie beruhigen sich im Allgemeinen nach kurzer Zeit, klappen ihre Flügel zusammen und lassen sich in Ruhe betrachten. Ihre Flügeloberseiten werden sie zeigen, wenn sie wieder in die Wärme kommen. Will sich ein Schmetterling jedoch auch auf diese Weise nicht beruhigen, geben Sie ihm selbstverständlich die Freiheit.
- So schnell wie möglich werden die Tiere wieder frei gelassen, und zwar dort, wo sie auch gefangen wurden.

Auch wenn Schmetterlinge trotz verlorener Schuppen noch gut fliegen können, gehört es zu einem schonenden, achtsamen Umgang, genau dies zu vermeiden und sie deshalb nur in Ausnahmefällen zwischen die Finger zu nehmen. Umso größer ist dann die Faszination, wenn ein Schmetterling beim Herauskrabbeln aus dem Gefäß eine Weile auf der Kinderhand sitzen bleibt, bevor er davonfliegt. Ein unvergessliches Erlebnis, dieses leichte Wesen und seine zarten Bewegungen auf der Haut zu spüren!

Wer bist du? – Tipps zum Bestimmen

Kinder fragen schnell nach dem Namen von entdeckten oder gefangenen Tieren, und sowie der genannt wurde, ist die Angelegenheit oft schon erledigt und ihr »Jagdtrieb« lässt sie den nächsten Schmetterling verfolgen. Auch wenn Sie selber die Antwort kennen, halten Sie den Namen erst einmal zurück und begleiten die Kinder auf ihrer Entdeckungsreise. Betrachten und staunen statt einfach »nur« sehen, ist die Devise: Wie viele Beine hat er? Siehst du den Rüssel, und bewegt er ihn gerade? Wie sehen die Augen aus? Und was für eine Form haben die Fühler? Ist es ein Tagfalter oder ein Nachtfalter? Hast du die Art schon einmal gesehen? Weißt du schon, wer es ist, oder erinnert er dich an einen anderen Schmetterling? Schau dir Farben und Muster genau an. Hier ist ein Bestimmungsbuch, in dem du ihn selber suchen kannst.

Um zu bestimmen, wie der Rätselfalter heißt, schaut man zuallererst auf die Fühler und die Flügelhaltung, um zwischen Tag- und Nachtfalter zu unterscheiden (siehe Kapitel

Schmetterlingsforscher bei der Bestimmungsarbeit

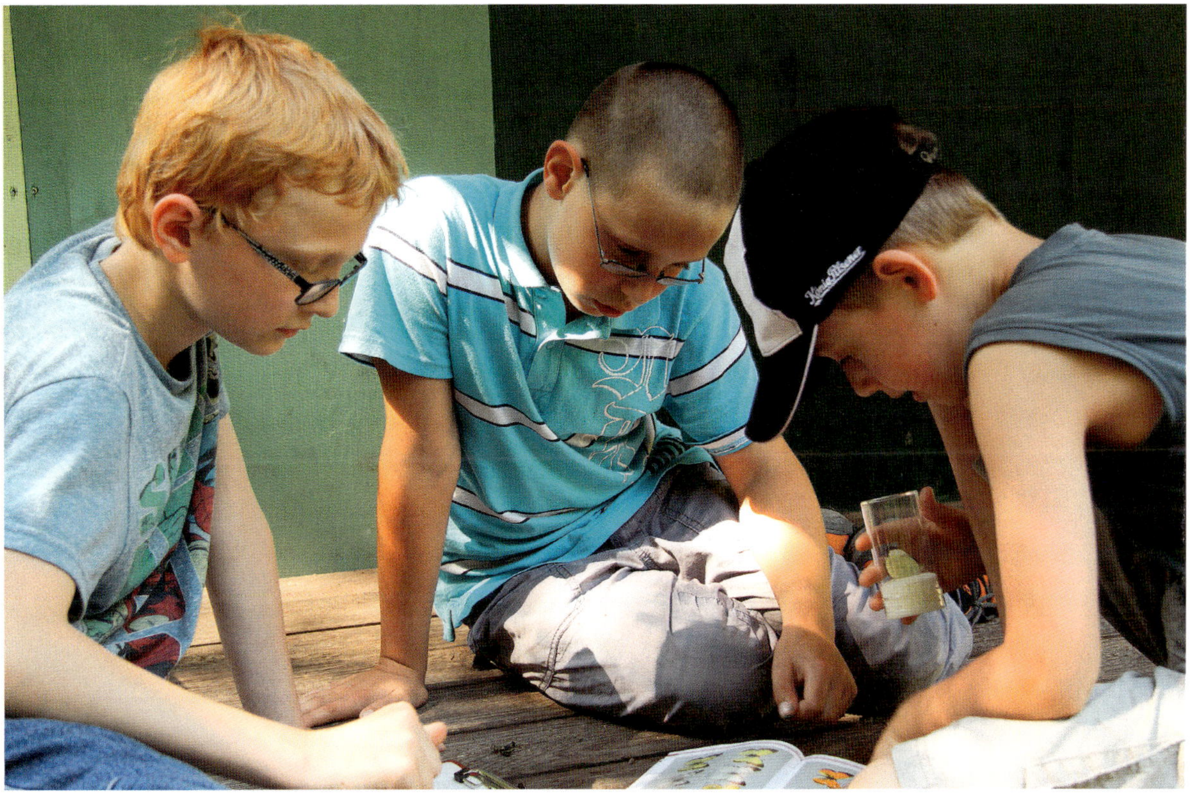

»Nachtfalter – die andere Seite der Schmetterlingswelt). In manchen Tagfalterbüchern sind zusätzlich auch ein paar auffällige und häufige tagaktive Nachtfalter abgebildet, aber in den meisten Fällen kommt man mit diesen Büchern bei den Nachtfaltern nicht weit. Ihre Vielfalt ist zu groß und die Bestimmungsmerkmale sind oft nicht einfach zu erkennen und zu unterscheiden.

Sind die Fühler aber an der Spitze keulenförmig verdickt, habt ihr einen Tagfalter vor euch. Vielleicht findet ihr ihn beim Durchblättern des ganzen Buches. Die älteren Kinder können das Tier zunächst in eine Tagfalterfamilie einordnen und suchen dann gezielt im entsprechenden Familienkapitel weiter. Dabei helfen die folgenden Familienbeschreibungen weiter, die allerdings sehr allgemein gehalten sind. Ausnahmen bestätigen zudem die Regel.

Habt ihr euren Schmetterling im Buch gefunden, solltet ihr unbedingt auch die Angaben über seinen Lebensraum und die Flugzeit des Falters kontrollieren. Steht ihr inmitten einer trockenen, mageren Wiese und habt einen Hochmoor-Bläuling bestimmt, kann da etwas nicht stimmen …

Vielleicht lässt sich sogar am Aussehen erkennen, ob das Tier ein Männchen oder Weibchen ist. Im Kapitel »›Darf ich vorstellen …‹ – Schmetterlingsporträts« sind die am häufigsten zu beobachtenden Arten genauer beschrieben.

Schmetterlinge sind wunderbar geeignet, um das exakte Bestimmen von Tierarten zu üben. Damit sind sie ein ausgezeichnetes Thema für die Artenkunde in der 5. und 6. Klassenstufe. Aber auch manche Dritt- und Viertklässler können mit einem bebilderten Bestimmungsbuch bereits erstaunlich gut zum Ziel kommen – sofern sie wissen, worauf es ankommt. Geeignete Bestimmungsliteratur findet sich im Literaturverzeichnis.

Tagfalterfamilien

Zuerst prüft ihr die Anzahl der Laufbeine. Hat der Schmetterling nur vier, handelt es sich um einen Tagfalter aus der Familie der Augenfalter oder der Edelfalter, deren Vorderbeine zu kleinen Putzpfoten umgewandelt sind:

Die **Augenfalter** sind meist beige bis braun gefärbt und haben Augenflecken – weiß gekernte Flecken mit dunklem Rand –, die auch sehr klein sein können. Das Tagpfauenauge gehört übrigens nicht in diese Familie, denn sein »Augenfleck« hat keinen weißen Kern. Augenfalter sind zum Beispiel das Große Ochsenauge, das Kleine Wiesenvögelchen, der Schachbrettfalter und der Schornsteinfeger.

Auch bei den **Edelfaltern** dominieren bräunliche Flügelfarben, doch sie haben häufig gewellte oder gezackte Flügelränder. Ihnen fehlen allerdings die weiß gekernten Augenflecken. Das Tagpfauenauge, der Kleine Fuchs, der Distelfalter und der Admiral sind Edelfalter.

Mit sechs normal entwickelten Laufbeinen könnte der Rätselfalter zur Familie der Ritterfalter, der Dickkopffalter, der Weißlinge oder der Bläulinge gehören:

Als Vertreter der **Ritterfalter** kommt in mitteleuropäischen Lebensräumen vor allem der Schwalbenschwanz infrage. Der Segelfalter ist sehr wärmebedürftig, braucht extreme Lebensräume und ist sehr selten. Die Apollo-Arten sind recht selten, und zum Beispiel der Hochalpen-Apollo ist nur in den Hochlagen der Alpen verbreitet.

Die **Dickkopffalter** haben einen gedrungenen, kleinen Körper mit breitem Kopf und tragen eine hell- oder dunkelbraune Grundfarbe. Sie fliegen schnell und manchmal in hüpfender Weise. Beim Saugen oder Ruhen haben sie oft eine ungewöhnliche Flügelstellung: Die Vorderflügel werden im Winkel von 45 Grad gegenüber den flach anliegenden Hinterflügeln aufgestellt. Der Rostfarbige Dickkopffalter ist der bei uns am häufigsten zu beobachtende Vertreter dieser Familie.

Die **Weißlinge** sind meist weißlich, gelblich oder orange gefärbt und haben oft eine leicht schwarze Flügelzeichnung. Typische Vertreter sind der Kleine Kohlweißling, der Zitronenfalter und der Aurorafalter.

Die **Bläulinge** sind eher klein bis höchstens mittelgroß. Männchen und Weibchen unterscheiden sich häufig stark. Die Männchen vieler Arten sind auffällig blau oder orangerot, die Weibchen dagegen weniger auffällig braun bis braunorange gefärbt. Der Hauhechel-Bläuling ist ein typischer und häufiger Vertreter dieser Familie.
Ob die Würfelfalter mit dem Schlüsselblumen-Würfelfalter als einzige mitteleuropäische Art zu den Bläulingen gehören oder eine eigene Familie bilden, ist noch nicht geklärt.

Tagfalterfamilien – Zu welcher Familie gehört der Schmetterling?					
Hat er **4** Laufbeine?		Oder hat er **6** Laufbeine?			
Prüfe, ob die Flügel **augenartige Flecken** mit einem **weißen Kern** haben:		Prüfe die **Form des Hinterflügels**:			
Ja 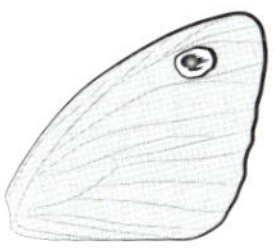	Nein	Ist er am Innenrand **konkav** 1 und meist deutlich **geschwänzt** 2? 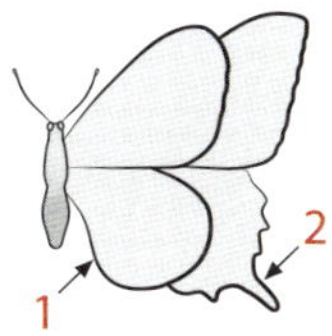	Ist er **konvex** 3 und/oder höchstens mit **kurzen Zipfeln**? 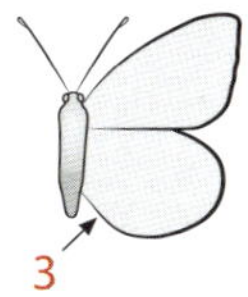		
			Prüfe den **Kopf** (a) und den **Körper** (b)		
			(a) **breit und groß** (b) **plump, gedrungen** 	(a) **schlank** (b) **schlank** 	
				Wie ist die Grundfarbe der **Flügeloberseite**	
				weißlich, gelblich, orange	**bläulich, braun, rot**
Augenfalter *Satyridae*	**Edelfalter** *Nymphidae*	**Ritterfalter** *Papilionidae*	**Dickkopffalter** *Hesperidae*	**Weißlinge** *Pieridae*	**Bläulinge** *Lycanidae*

Manchmal gelingt die genaue Artbestimmung auf Anhieb, manchmal müssen sich Kinder und auch Erwachsene damit begnügen, dass mehrere Arten infrage kommen. Insbesondere die verschiedenen Bläulinge zu unterscheiden, ist eine hohe Kunst. Vielleicht erfinden dann die Kinder selber einen Fantasienamen, der das Aussehen des Falters beschreibt?

Und nicht vergessen: Selbstverständlich werden die gefangenen Tiere sobald wie möglich wieder freigelassen!

Raus aus dem Fangglas zurück in die Freiheit!

Zuchtstation im Klassenzimmer

Metamorphose hautnah miterleben

Das Wunder der Metamorphose lässt sich kaum besser vermitteln als durch das Aufziehen von Schmetterlingen im Kindergarten oder im Klassenzimmer und ist das Highlight eines jeden Schmetterlingsprojektes. Die Kinder lernen durch direkte Begegnungen die Lebensweise der Tiere und deren Bedürfnisse in den verschiedenen Lebensphasen kennen und übernehmen Verantwortung für ihr Wohlergehen. Das Aufziehen ist mit wenig Aufwand verbunden, muss keine Kosten verursachen und ist – je nach Schmetterlingsart – nach wenigen Wochen abgeschlossen.

Wenn Sie Schmetterlingsraupen außerhalb von Naturschutzgebieten in der Natur finden und es sich dabei um nicht geschützte Arten handelt, dürfen Sie einige Tiere für pädagogische Zwecke zum Züchten mitnehmen. Es muss allerdings ein achtsamer, artgerechter Umgang mit ihnen gewährleistet sein, und sie müssen als Falter sobald wie möglich wieder frei gelassen werden – möglichst dort, wo sie gefunden wurden. Und selbstverständlich müssen Sie wissen, welche Nahrungspflanzen die Raupen für ihre Entwicklung brauchen, und müssen diese auch gut beschaffen können, denn sonst verhungern die Tiere.

Das Aufziehen von Schmetterlingen ist kein Hexenwerk. Sehr gut geeignet sind die Raupen des Kleinen Fuchs und des Tagpfauenauges, die von Mai bis Sommer an Brennnesseln zu finden sind. Je jünger die Tiere, desto besser, denn dann ist die Wahrscheinlichkeit geringer, dass die Raupen bereits Eier von parasitischen Schlupfwespen in sich tragen und später verenden werden. Die »Brennnesselfalter« haben den Vorteil, dass ihre Nahrungspflanze leicht und in großen Mengen zu finden ist und dass die Entwicklungszeiten relativ kurz sind. Die Tiere sollen schließlich vor den Sommerferien schlüpfen.

Auch die Raupen der verschiedenen Gespinstmotten lassen sich leicht in der Natur finden, zum Beispiel an Pfaffenhütchen oder Traubenkirschen. Diese Raupen sind eher klein und unscheinbar, fallen aber durch ihre netzartigen Gespinste auf, die manchmal kahlgefressene Büsche ganz überziehen. Auch die entsprechenden Falter sind relativ kleine, aber durchaus hübsche Tierchen.

Viele Raupenarten fressen an Brennnesseln, sodass es sich grundsätzlich lohnt, diese Pflanzen nach Raupen abzusuchen.

In manchen Jahren sind auffallend viele Brennnesselblätter zu Tüten zusammengesponnen und beherbergen die Raupen des Brennnessel-Zünslers oder des Nesselzünslers. Beides sind Nachtfalterarten. Zur Zucht mit Kindern sind sie allerdings nicht geeignet, da die Falter erst im darauf folgenden Frühjahr schlüpfen.

Haben Sie fremde Raupen gefunden und möchten wissen, was sie zum Leben brauchen, wie ihre zeitliche Entwicklung ist und welcher Falter sich daraus entwickeln wird?

Auf der Suche nach den winzigen Schmetterlingseiern (links)

Larven der Pfaffenhütchen-Gespinstmotte (rechts)

Die typische Blatttüte (links) und die Raupe des Nesselzünslers (rechts)

Dann helfen die Seiten von www.schmetterling-raupe.de weiter. Wenn Sie hier den Fundmonat eingeben, finden Sie Bilder, Namen und weitere Informationen von den häufigsten Raupen, die zu dieser Zeit in der Natur zu beobachten sind.

Und wer sich nicht auf das eigene Finden verlassen möchte, kann sich vom Bund für Umwelt und Naturschutz Deutschland e. V. (BUND) unter www.bundladen@bund.net oder bei Andermatt Biogarten AG unter www.biogarten.ch (Versand nur innerhalb der Schweiz) auch Distelfalterraupen schicken lassen. Diese werden mit einem pestoartigen Fertigfutter per Post geliefert. Der Umgang mit den Tieren ist aber natürlicher und tiergerechter, wenn die Kinder sie selber mit frischen Brennnesseln in der nachfolgend beschriebenen Weise versorgen. In den meisten Fällen klappt die Umgewöhnung vom »Pesto« auf frische Brennnesseln. Selten sind die Tiere so an das Fertigfutter gewöhnt, dass sie Frischpflanzen nicht mehr annehmen und verhungern würden. Wenn Sie das bei Ihren Tieren beobachten, dann bleiben Sie eben doch beim »Pesto«. Auch das Umweltbildungszentrum Listhof (www.listhof-reutlingen.de) verschickt Raupen. Und wenn Sie mit den Kindern das Kleine Nachtpfauenauge aufziehen wollen, finden Sie ausführliche Informationen unter www.kleines-nachtpfauenauge.de.

Haben Sie Raupen des Kleinen Fuchs, des Tagpfauenauges oder des Distelfalters? Dann kann es losgehen …

Das Aufziehen von Schmetterlingen

Das Einrichten des Zuchtgefäßes

Gut geeignet ist ein altes Aquarium, das Platz für zwei Marmeladengläser mit Brennnesselsträußen bietet. Für nur einzelne Raupen tut es auch ein Einmachglas. Das Gefäß wird mit einer alten Vorgardine oder einem Seidenstrumpf und einem Gummiband verschlossen. Der Stoff muss gut luftdurchlässig sein und darf keine Schlupflöcher bieten, denn manche

Distelfalter-raupen werden gefüttert.

Raupen gehen gern mal auf Wanderschaft – und kehren nicht zurück. Ein Stofftaschentuch oder ein Stück Küchenpapier auf dem Boden des Gefäßes erleichtert das regemäßige Reinigen.

Ganz wichtig: Das Gefäß sollte an einem zwar hellen Ort mit wenig Erschütterung stehen, aber niemals in der Sonne! Das wäre tödlich für die Tiere.

Das Füttern der Raupen

Die Nahrungspflanzen sollten nicht auf dem Boden liegen, da sie sonst durch Kot verunreinigt werden und in dem geschlossenen Gefäß leicht schimmeln können. Deshalb wird der Brennnesselstrauß mit den Raupen in ein verschlossenes Marmeladenglas gestellt, dessen Deckel ein kleines Loch hat. Dieses wird mit Küchen- oder Klopapier zusätzlich so weit abgedichtet, dass keine Raupen ins Wasser fallen können, denn auch das wäre tödlich für sie. Die Brennnesseln sollten frisch, aber nicht nass sein – ebenfalls wegen der Schimmelgefahr. Optimal sind Pflanzen von sonnigen Standorten, da die UV-Strahlen desinfizie-

Ganz schön gefräßig: Junge Raupen des Tagpfauenauges

Das Tagpfauenauge als Raupe kurz vor der Verpuppung, als frische Puppe und kurz vor dem Schlüpfen des Falters

rend wirken. Im Regen oder im Morgentau geerntetes feuchtes Futter muss deshalb vorher in einer Vase stehen und abtrocknen.

Alle ein bis zwei Tage wird das Futter erneuert und das Gefäß gereinigt. Dafür reicht es, das Tuch oder das Papier vom Boden auszuschütteln und ab und zu den Behälter mit einem trockenen Tuch auszuwischen. Über das Wochenende darf es auch mal einen Tag länger sein, sofern genug Futter vorhanden ist. Dann wird ein Glas mit neuen Brennnesseln neben das alte gestellt, sodass sich die Zweige berühren und die Raupen allein hinüberklettern können. Aktives, »gewaltsames« Umsetzen könnte sie verletzen. Eventuell hilft man vorsichtig nach, indem man einzelne Blätter aus dem alten Strauß herausschneidet und auf die neuen Zweige legt.

Raupen brauchen kein Wasser, weil sie die nötige Feuchtigkeit mit der Nahrung aufnehmen. Falls Tiere auf den Boden gefallen sind und es nicht schaffen, wieder auf die Pflanzen zu klettern, wird ihnen ein weicher Haarpinsel hingehalten, um den sie sich reflexartig wickeln und mit dem sie dann transportiert werden können.

Die Häutungen und das Verpuppen

Ein bis zwei Tage vor den Häutungen kommen die Tiere zur Ruhe, fressen nicht mehr und bewegen sich kaum. Während dieser Zeit sind sie empfindlich und sollen nicht gestört werden. Dauert diese Zeit allerdings länger und wirken die Raupen deshalb krank, dann sollten sie vorsichtshalber isoliert und in ein anderes Gefäß umgesetzt werden.

Bei der Häutung platzt die alte Haut auf und wird abgestreift. Darunter kommt eine neue Haut zum Vorschein. Oft fressen sie die alte Haut auf, und übrig bleiben auf dem Boden nur die alten Kopfkapseln.

Vor der Verpuppung laufen die Raupen auf der Suche nach einem geeigneten Verpuppungsplatz oft stundenlang umher. Distelfalter, Kleiner Fuchs und Tagpfauenauge machen sogenannte Stürzpuppen: Das Tier hängt sich in der Endphase des Raupenstadiums mit dem Hinterteil nach oben und mit dem Kopf nach unten auf und krümmt das Kopfende nach oben – so wie ein umgedrehter Spazierstock. Meist geschieht das an den Pflanzenstängeln oder am Gefäßdeckel, manchmal aber auch an der Wand. Deshalb ist es gut, wenn manche Brennnesselstängel Kontakt zum Gefäß haben, sodass die erwachsenen Raupen zum Verpuppen ihre »Wunschorte« erreichen können.

Der »Spazierstock« hängt dann eine ganze Weile regungslos da, bis die Raupenhaut aufreißt und mit ruckartigen, windenden Bewegungen abgeschoben wird. Darunter liegt die Puppenhaut mit einem völlig anderen Aussehen, und nun erst spricht man von Puppe.

Wenn eine Puppe auf den Boden fällt, bringt ihr in ihrer Nähe einen Streifen Toilettenpapier so an der Gefäßwand an, dass später der geschlüpfte Falter zur Entfaltung seiner Flügel nach oben kriechen kann. Bliebe er auf dem Boden liegen und hätte nicht genügend Raum, seine anfangs feuchten Flügel zu entfalten, könnten sie am Glas festkleben und der Falter wäre verkrüppelt.

Während der Zeit der Verpuppung sind die Tiere sehr empfindlich, weshalb gerade jetzt Erschütterungen unbedingt vermieden werden müssen. Falls Umsetzungen der Puppen nötig sind, wartet man damit ein bis zwei Tage, bis die Puppenhülle ausgehärtet und stabiler ist.

Das Schlüpfen des Falters

Dieser spannende Vorgang ist auf Seite 63 ausführlich beschrieben.

Meist entweicht beim Schlüpfen oder kurz danach eine rote Flüssigkeit aus dem Hinterleib und sorgt bei den Kindern für einen Schreck. Doch dies ist kein Blut, sondern eine Körperflüssigkeit, deren Absonderung ganz normal ist und Abfallstoffe aus der Umwandlungszeit enthält.

Falls beim Schlüpfen ein Tier abstürzt, muss wie oben beschrieben dafür gesorgt werden, dass es an einer rauen Fläche wieder hochkrabbeln kann, um Freiraum für die Flügelentfaltung zu bekommen.

Das Freilassen der Falter

Möglichst bald, spätestens aber an ihrem zweiten Lebenstag werden die Falter in die Freiheit entlassen, am besten bei trocken-warmem Wetter um die Mittagszeit. Bei kühlem oder nasskaltem Wetter setzt man sie an einen regengeschützten, von Fressfeinden nicht einsehbaren Ort (z. B. Schachtel mit Öffnung) und lässt sie dort ungestört, bis sie selbstständig davonfliegen. Damit können sich die Tiere auch einige Tage Zeit lassen, denn in Ruhe verbrauchen sie kaum Energie.

»Distelfalter flieg!« Frisch geschlüpfte Falter auf dem Weg ins Freie

Manchmal haben die Tiere verkrüppelte Flügel und sind nicht flugfähig. Diese Tiere setzen Sie gemeinsam mit den Kindern auf Blüten und übergeben sie dem »Schmetterlingshimmel«, das heißt einem anderen hungrigen Tier. Die Themen »Tod« sowie »fressen und gefressen werden« gehören beim Aufziehen von Schmetterlingen dazu.

Sollten im Umgang mit den Raupen Fragen auftreten, bieten die Seiten von www.schmetterling-raupe.de viele Informationen rund um die Zucht. Zudem beantworten Zuchterfahrene im Netz von www.lepiforum.de und www.actias.de gern Ihre Fragen.

Rotkehlchen mit einem Raupenleckerbissen

Was Schmetterlinge brauchen

Schmetterlinge leben gefährlich

Schmetterlinge sind begehrte Leckerbissen für viele natürliche Feinde. Schon die winzigen Eier stehen auf dem Speiseplan einiger räuberischer Insekten, und auch die weitaus meisten Raupen werden von Vögeln, Ameisen und Spinnen gefressen. Einige Vogelarten wie die Blau- und Kohlmeisen ziehen ihre Jungen fast nur mit Raupen auf. Dabei verschmähen sie die schlecht zu schluckenden, langhaarigen Raupen. Aber auch die bleiben nicht übrig, denn der Kuckuck hat sich auf diese besondere Kost spezialisiert.

Sehr viele Raupen werden Opfer von Schlupfwespen und anderen Parasiten, die ihre Eier in die noch jungen Raupen legen. Die daraus schlüpfenden Larven fressen den Raupenkörper bei noch lebendigem Leibe von innen her auf und verlassen im Erwachsenenstadium ihr Wirtstier, um sich außerhalb zu verpuppen. Dieses Phänomen ist manchmal auch zu beobachten, wenn man in der Natur gefundene Raupen zu Hause aufzieht: Befallene Tiere entwickeln sich irgendwann nicht weiter, und später hängt an ihnen ein kokonartiges Gebilde des Parasiten.

Die Hauptfeinde der erwachsenen Schmetterlinge sind Vögel. Aber auch Frösche, Kröten, Eidechsen, Mäuse, Hornissen und Spinnen haben es auf sie abgesehen. Aus dem stabilen Netz einer Netzspinne kann sich ein Falter nur schlecht wieder befreien, und auf manchen Blüten lauern Krabbenspinnen, die kein Netz bauen, sondern jagen und blitzschnell zupacken, wenn ein Falter in aller Ruhe Nektar schlürfen möchte. Oft sind diese Krabbenspinnen mit ihrer Farbe so gut in der Blüte getarnt, dass auch das menschliche Auge sie kaum entdeckt. Die Hauptfeinde der Nachtfalter sind Fledermäuse.

Krabbenspinne packt Schachbrettfalter

Auf einem abgegrenzten Spielfeld stehen mehrere Gruppen von jeweils drei »Blütenkindern«, die sich untereinander die Hände reichen und so eine kreisförmige Blüte bilden. In ihrer Mitte liegt am Boden ein Tuch mit Steinen oder ähnlichen kleinen Dingen als Nektar. Vorher bestimmen Sie, welche »Blütenkinder« nicht wirklich zur Blüte gehören, sondern eine darin gut getarnte Krabbenspinne darstellen. Sind es beispielsweise sechs Dreiergruppen, so könnte sich in zweien jeweils eine geheime Krabbenspinne verbergen. Damit die Schmetterlingskinder nicht wissen, wo sich die Krabbenspinne verbirgt, müssen sie sich während der Bestimmung der Spinnen kurz wegdrehen. Ein oder zwei Kinder sind als hungrige Schachbrettfalter auf Nektarsuche und müssen dafür von Blüte zu Blüte fliegen, um zwei Portionen Nektar (jeweils einen Stein von zwei verschiedenen Blüten) zu ergattern. Aber dabei besteht Lebensgefahr: Wenn sie sich gutgläubig am Boden niederlassen, um an den Nektar zu kommen, kann ganz plötzlich die Krabbenspinne zupacken. Schafft sie es ihre Beute festzuhalten, ist der Schachbrettfalter verloren. Kann es sich aber samt Nektar befreien, kommt es mit dem Leben davon und darf in der nächsten Runde die neuen Krabbenspinnen bestimmen. Über »geschafft« oder »nicht geschafft« hat ein strenger Schiedsrichter zu entscheiden. Der Nervenkitzel ist umso größer, je besser es die Krabbenspinnen schaffen, sich als »Blütenkind« zu tarnen und zu verhalten.

Eine Krabbenspinne mit Schachbrettfalter-Beute

Material:
Tücher
Steine

Vom Rückgang der Schmetterlinge

Natürliche Fressfeinde gehören zum Leben der Schmetterlinge dazu. Schließlich müssen sich ja von den manchmal Hunderten von Eiern eines Weibchens nur zwei zu erwachsenen Tieren entwickeln, die wiederum Eier legen.

Aber die dramatischen, vom Menschen verursachten Veränderungen in unserer Landwirtschaft führen inzwischen dazu, dass den Schmetterlingen in allen Phasen ihres Lebens die Lebensgrundlage genommen wird und die Vielfalt der Schmetterlingswelt zunehmend schwindet. Die früher weit verbreiteten artenreichen und blumenbunten Wiesen mit vielen Schmetterlingen sind heute rar geworden, und die Bestandsentwicklungen der Schmetterlinge in den letzten Jahren und Jahrzehnten geben Anlass zur Sorge. Schmetterlingsvielfalt ist ein Zeichen für intakte Lebensräume, aber genau diese Vielfalt wird zunehmend geringer. Das Schicksal der Schmetterlinge ist inzwischen zum Symbol der Verarmung unserer Landschaft geworden. Es liegt an uns, dem entgegenzuwirken!

Wir haben unsere Landschaft durch die moderne Land- und Forstwirtschaft von kleinräumiger Vielfalt zu großflächiger Monotonie verändert. Durch Trockenlegung und Düngung wurden Feuchtwiesen und Magerrasen zu ertragsreichen, aber artenarmen und monotonen Fettwiesen und Fettweiden umgewandelt. Das Mähen erfolgt heute früher und

»So groß war der Schmetterling!«

Von Pollen bepuderter Mittlerer Weinschwärmer an einer Nachtkerzenblüte

häufiger, weshalb viele Pflanzen gar nicht mehr zur Blüte kommen können. Wenn zudem alle Wiesen gleichzeitig gemäht und als Silofutter verpackt werden, ist das katastrophal für alle Lebensstadien der Schmetterlinge.

Unsere Landschaft bietet kaum noch Platz für Kleinstrukturen wie artenreiche Waldränder, Lichtungen, natürliche Ufervegetation, Wiesenrandstreifen und Böschungen, denn jeder Zipfel wird intensiv genutzt. Damit verschwinden Nektarquellen, Raupennahrung und Verpuppungsorte als Lebensgrundlage der Schmetterlinge, und damit fehlen auch die entsprechenden Schmetterlinge. Schmetterlinge sind übrigens der zweitwichtigste Blütenbestäuber nach den Bienen, und selbst der kleinste unscheinbare Falter spielt eine unersetzliche Rolle im Gleichgewicht der Natur.

Auf der einen Seite wird intensiviert, auf der anderen Seite wird Land nicht mehr bewirtschaftet, wenn sich der landwirtschaftliche Ertrag gemessen an der Arbeit nicht mehr lohnt: Lebensräume wie Magerrasen verbrachen, verbuschen oder werden aufgeforstet. Weil auch so die an die traditionelle Bewirtschaftung angepassten Pflanzen verschwinden, verlieren die Schmetterlinge mehr und mehr ihre Lebensgrundlagen.

Auch unsere Wälder sind krautärmer geworden, wirtschaftlich uninteressante Bäume und Sträucher werden durch standortfremde Nadelhölzer ersetzt, und durch Aufforstungen werden Waldlichtungen, Hecken und andere Kleinstrukturen in einförmige Wirtschaftsforste umgewandelt.

Noch dazu verschlingen Straßen, Industrie und Siedlungen immer mehr Landschaft, und der massive Einsatz von Insektiziden und Pestiziden gibt den Schmetterlingen den Rest. Auch vor unserer eigenen Tür, das heißt in unseren Gärten, Dörfern und Städten, liegt vieles im Argen: Wildpflanzen werden als »Unkraut« ausgemerzt, der Ordnungssinn erlaubt keine »unordentlichen« Stellen mehr, und Schönheitsidealen zuliebe werden einheimische Arten durch Exoten ersetzt.

Wo bleibt da noch Platz für Schmetterlinge? Sie sind als Falter und als Raupe auf geeignete Pflanzen angewiesen, brauchen das Nebeneinander von Raupen- und Falterlebensraum und auch Strukturen als Ansitz- und Verpuppungsort. Sie reagieren ausgesprochen schnell auf Vegetationsveränderungen und Umwelteinflüsse und sind deshalb gute Indikatoren für den Zustand unserer Landschaft. Ihre Bestandsentwicklungen sprechen eine deutliche Sprache, und da können auch Schutzgebiete die großen Verluste nicht wettmachen.

Schmetterlingsschutz ist Lebensraumschutz, und da braucht es viele »Hände«, die gut zusammenarbeiten: staatliche Stellen, die finanzielle Mittel für die extensive Bewirtschaftung und Biotoppflege zur Verfügung stellen, Landwirtinnen und Landwirte sowie

Die Wiese als Klassenzimmer

Försterinnen und Förster, die den Schmetterlingsschutz in ihren Flächen umsetzen. Naturschutzverbände setzen sich für Schmetterlinge ein, tragen ihr Know-how bei, pflegen ehrenamtlich Biotope und betreiben Umweltbildung zu Schmetterlingen. Es liegt auf der Hand, dass sie umso mehr Einfluss haben, je größer ihre Mitgliederzahl ist und dass sie umso mehr Schmetterlingswiesen pflegen können, je mehr Unterstützer sie haben. Schon auf diesem Wege kann sich jeder Einzelne für Schmetterlinge einsetzen.

Wie können kleine und große Leute helfen?

Sind Kinder mit Schmetterlingen und ihrer Lebensweise vertraut geworden und haben gelernt, was sie zum Leben brauchen, entsteht schnell der Wunsch, ihnen zu helfen. Diesen Schwung gilt es zu nutzen, um der Kinder und der Schmetterlinge willen.

Der erste Schritt dabei führt vor die Haustür, nämlich in den eigenen Garten oder mit Kindergarten- und Schulkindern in das Außengelände von Kindergarten und Schulhaus. Wenn wir hier kleine Flächen mit wenig Aufwand schmetterlingsfreundlich gestalten, wird das zwar keine der gefährdeten Arten retten. Es kann aber bewirken, dass es wenigstens den häufigeren, anspruchsloseren Arten ein wenig besser geht, und wird dazu beitragen, dass diese häufiger durch unseren Alltag flattern. Hand aufs Herz: Finden Kohlweißling und Zitronenfalter in Ihrem Privatgarten genügend einheimische Blütenpflanzen, um hier ihren Nektarhunger zu stillen? Und dürfen auf Ihrem Schulgelände oder in einer Ecke vom Kindergarten Brennnesseln wachsen, damit Tagpfauenauge und Kleiner Fuchs dort ihre Eier ablegen können? Wenn nicht, dann krempeln Sie gemeinsam mit den Kindern die Ärmel hoch und gestalten Sie die Anlagen schmetterlingsfreundlich. Es lohnt sich!

Viele Anregungen dazu finden sie in der Unterrichtshilfe »Die flatterhafte Schule – in zehn Schritten zum schmetterlingsfreundlichen Schulhaus« von Pro Natura (siehe Literaturliste).

Vielfältig und bunt, einheimisch und naturnah

In einem schmetterlingsfreundlichen Garten:

- wachsen vor allem einheimische Pflanzen;
- blüht es vom zeitigen Frühjahr bis spät in den Herbst;
- findet sich eine Auswahl von einheimischen Blütenpflanzen als Nektarspender, die bei Tagfaltern besonders beliebt sind, und von Arten, die insbesondere von Nachtfaltern gern angeflogen werden;
- werden von fremdländischen Gartenpflanzen speziell solche gepflanzt, die Nektar spenden – also keine gefüllte Exoten und Zuchtformen;
- gibt es Bereiche, in denen Brennnesseln gedeihen dürfen;
- bieten Sträucher und Kletterpflanzen Nahrung und Unterschlupf, nicht nur für Schmetterlinge

Ein schmetterlingsfreundlicher Garten entsteht

Wir sorgen für Nektarpflanzen

Den Anfang kann ein kleines Wildblumenbeet machen, das ihr mit Nektarpflanzen für Schmetterlinge bepflanzt. Hornklee, Roter Wiesenklee, Acker-Witwenblume, Braunelle, verschiedene Nelken und Disteln sollten dabei sein, und Nachtfalter freuen sich über die Nachtkerze und das Seifenkraut.

Ausführlichere Pflanzlisten finden sich in der Naturgartenliteratur. Schmetterlinge brauchen insbesondere einheimische Arten mit viel Nektar, an die sie sich im Laufe der Evolution angepasst haben. Die häufig in Gärten und Außenanlagen gepflanzten, gefüllten Exoten und Hybriden geben meist nur wenig Nektar, oder ihr Nektar ist von unseren Schmetterlingen nicht erreichbar. Ausnahmen unter den häufigen Gartenpflanzen sind Phlox, Blaukissen, Silbertaler und die heimischen Gartenarten wie Astern, Ochsenauge und Nachtviole, an denen sich Falter laben. An unseren Balkongeranien ist meist nur das Taubenschwänzchen zu finden.

Vor dem Klassenzimmerfenster, auf »Balkonien« oder im Kräuterbeet können Küchenkräuter wie Thymian, Lavendel, Salbei, Oregano und Majoran mit ihrem intensiven Duft und guten Nektarangebot Schmetterlinge anlocken. Dazu müssen aber die Pflanzen zur Blüte kommen dürfen. Auch eine solche »Beiz« ist kein Beitrag zum Artenschutz, kann aber die häufigen Arten zum Zwischenstopp verführen, sodass ihr sie bestaunen könnt.

Optimal für Schmetterlinge und auch andere Insekten ist natürlich ein größerer Bereich mit einer Wildblumenwiese, die von Frühjahr bis Herbst Blüten anbietet, selten und immer nur bereichsweise gemäht wird. Je nachdem, ob der Garten eher einen warmsonnigen oder einen kühl-schattigen Charakter hat, sind unterschiedliche Artenzusammensetzungen geeignet. Im Fachhandel gibt es verschiedene Samenmischungen und auch Tipps zum Anlegen und zur Pflege einer solchen Wiese, denn mit der Aussaat allein ist es nicht getan. Eine ganze Wildblumenwiese mit Kindern anzulegen, ist für den Anfang aber vielleicht eine Nummer zu groß.

Wir setzen Raupenfutterpflanzen

Ein schmetterlingsfreundlicher Garten bietet allen Lebensstadien der Schmetterlinge gute Lebensbedingungen. Es fehlt etwas, wenn das Tagpfauenauge in einem »aufgeräumten Garten« zwar genügend Blütennektar findet, aber seine Raupen keine Brennnesseln als Nahrung haben.

Vielleicht könnt ihr den Gärtner der Schule oder des Kindergartens davon überzeugen, eine »Forschungsstation Brennnesselecke« zu dulden? Die Brennnessel ist mit sehr wenigen Ausnahmen die einzige Nahrungspflanze von Kleinem Fuchs, Tagpfauenauge, Admiral und Landkärtchen. Insgesamt fressen vierzig verschiedene Schmetterlingsarten an Brennnesseln. Sie sind leicht anzupflanzen, indem sie im Frühjahr samt Erdballen ausgegraben und in einen nährstoffreichen, mit Kompost angereicherten Boden verpflanzt werden. Mäht man einen Teil Anfang Juni, so wachsen schnell junge, nahrhafte Pflanzen nach und bieten leckere Raupennahrung. Aber Vorsicht: Haltet die ausbreitungsfreudige

Das Männchen des Zitronenfalters saugt Nektar an einer Distel (oben links), der Kleine Kohlweißling an Lavendel (rechts).

»Wo hat das Tagpfauenauge bloß seine Eier abgelegt?«

Ein Zitronenfalter-Weibchen saugt an Weidenkätzchen (links). Der Mittlere Weinschwärmer und seine Raupe (rechts)

Brennnessel im Zaum und grenzt sie vom übrigen Garten ab, indem ihr sie in einen Pflanzcontainer ohne Boden setzt.

Die Raupen vom Kleinen Kohlweißling fressen gern an Kapuzinerkresse, und die Aurorafalter-Raupe stillt ihren Hunger an verschiedenen Kreuzblütlern wie zum Beispiel Schaumkraut-Arten, Knoblauchsrauke, Wildes Silberblatt und Phlox. Der Hauhechel-Bläuling braucht verschiedene Schmetterlingsblütler wie etwa Hornklee, Weiß-Klee und Luzerne, während die Schwalbenschwanz-Raupe im Gemüsebeet mit Fenchel, Dill und Möhre zu erfreuen ist.

Wir pflanzen Sträucher

Auch mit einheimischen Sträuchern wie Hasel, Schlehe, Faulbaum, Rote Heckenkirsche und Weißdorn könnt ihr Schmetterlinge fördern. Diese Arten bieten wie Efeu, Brombeere und Himbeere sowohl Unterschlupf für den Winter als auch Ruheplätze im Sommer und Nahrung für Falter und Raupen.

Wenn ihr eine Salweide pflanzt, bieten deren früh im Jahr erscheinende Blüten eine wichtige Nahrungsquelle für die Frühlingsboten unter den Schmetterlingen wie Zitronenfalter und Kleiner Fuchs. Ihre Blätter ernähren später eine ausgesprochen große Fülle von Raupenarten.

Oft wurde der Schmetterlingsstrauch oder Sommerflieder (Buddleja spec.) gepflanzt, um Schmetterlinge zu fördern. Er lockt zwar Falter an und stillt ihren Nektarhunger, aber Raupen wird man kaum an diesem fremdländischen Strauch finden.

Wir haben Mut zur Wildnis

Wenn ihr Stauden nicht schon im Herbst, sondern erst im Frühjahr zurückschneidet, Reisighaufen liegen lasst und kleine Brachflächen duldet, dann ist schon viel gewonnen. Die kleinen Wildnisecken mit gewöhnlichen Wildpflanzen, die oft von allein gedeihen, aber als »Unkräuter« aus dem Garten verbannt werden, bieten vielen unserer tag- oder nachtaktiven Schmetterlingen Nahrung als Raupe oder als Falter – unter anderem Disteln, Weidenröschen, Labkraut, Löwenzahn, Knoblauchsrauke und Taubnessel.

Vielleicht lassen sich von eurem Naturgarten auch die Nachbarn anstecken, oder sogar die Gemeinde ist zu überzeugen, öffentliche Grünflächen, Verkehrsinseln, Straßenränder und die Umgebung von Hallen, Schulen und Wohnblocks schmetterlingsfreundlicher zu gestalten. Nicht nur den Schmetterlingen ist damit geholfen, auch viele andere Tiere profitieren davon. Und schmetterlingsfreundliche und somit naturnahe Grünflächen sind spannende Lernorte und ermöglichen wertvolle Naturerfahrungen.

Weitere Aktivitäten rund um Schmetterlinge

Junge Lepidopterologen in Aktion

Auch wenn die Naturerfahrung und das Aktivsein der Kinder im Mittelpunkt dieses Werkstattbuches stehen, werden sie sich dabei jede Menge Wissen über Schmetterlinge aneignen und zu jungen »Lepidopterologen« werden. Bei den folgenden Aktivitäten geht es um Artenkenntnis und Zusammenhänge.

Tipp: Drucken oder kopieren Sie große, farbige Abbildungen von den Schmetterlingsarten, um die es Ihnen geht! Aussehen und Namen prägen sich umso besser ein, je öfter und in je mehr Zusammenhängen diese Bilder immer wieder gezeigt werden. In laminierter Form können sie wunderbar mit in die Natur genommen werden, und vielleicht hängen sie sonst an einer Wäscheleine quer durch das Klassenzimmer?

Rätselschmetterling des Tages

Ihr müsst eine euch bekannte Schmetterlingsart erraten. Dazu bekommt ihr über den Tag hinweg »portionsweise« immer wieder neue Informationen zu diesem Rätselschmetterling. Auf die Frage des Leiters, um welchen Schmetterling es sich wohl handelt, antwortet ihr nicht mit dem Namen, sondern jedes Kind, das meint, die Antwort zu wissen, legt den Zeigefinger auf seine Nasenspitze. Erst wenn alle Finger oben sind, ruft ihr gemeinsam auf ein Zeichen hin den Namen des Schmetterlings. Als ein etwas schwieriges Beispiel der Apfelwickler (der übrigens keine Äpfel wickelt, so wie der Zitronenfalter auch keine Zitronen faltet):

Der Rätselschmetterling:

- hat eine Flügelspannweite von zwei Zentimetern;
- ist graubraun und unscheinbar;
- ist auf der ganzen Welt verbreitet;
- schlüpft und paart sich im Mai;
- legt schildförmige Eier, die wie kleine Schüppchen aussehen;
- legt die Eier einzeln an Bäumen ab;
- begegnet uns in einer Phase seines Lebens gar nicht so selten, nur denken wir dann meist nicht an einen Schmetterling;
- spinnt als Raupe einen seidenen Faden, an dem sie sich im Sommer aus den Baumkronen zu ihrem Verpuppungsort hinablässt;
- überwintert als Puppe im Kokon, hinter der Baumrinde oder im Boden;
- ist bei Fledermäusen als Nahrung sehr beliebt;
- hat weißlich-gelbe Raupen mit einem dunklen Kopf;
- hinterlässt als Raupe spiralförmige Fressgänge mit kaffeesatzartigem Kot;
- ist sehr unbeliebt, vor allem bei den Obstbauern, denn seine Raupen sorgen für Ernteausfälle durch vorzeitiges Abfallen der Frucht.

Material:
Bilder vom Falter und von Schadbildern der Raupe im Apfel

Der unscheinbare Apfelwickler

Schmetterling, flieg!

Ihr steht im Kreis und bekommt jeweils den Namen einer Schmetterlingsart gesagt, ohne dass ihr voneinander wisst, wer welcher Schmetterling ist. Alle Namen sind mindestens zweimal vertreten, und es ist wichtig, dass ihr das Aussehen eures Schmetterlings kennt. Der Spielleiter steht in der Kreismitte und zeigt ein Schmetterlingsbild hoch. Alle Kinder, die die Rolle dieses Schmetterlings haben, müssen nun ihre Plätze tauschen. Aber aufgepasst: Da hierbei auch der Spielleiter mitspielt und versucht, einen Platz zu ergattern, bleibt immer ein Kind übrig. Dieses wird in der nächsten Runde neuer Spielleiter, zeigt eine neue Schmetterlingsabbildung und versucht beim Platztausch wieder einen Platz zu bekommen.

Material:
Abbildungen von Schmetterlingen

Schmetterlingsnamen raten

Zwei Gruppen treten gegeneinander an und versuchen, als Erste die Rätselfragen zu beantworten. Für jede richtige Antwort bekommt die schnellste Gruppe eine Nuss, einen Stein oder etwas Ähnliches. Für jede falsche Antwort bekommt die Gegengruppe eine Nuss. Damit ihr nicht wahllos Schmetterlingsnamen ruft und ein lautes Durcheinander entsteht, sondern ihr euch vorher in der Gruppe abstimmt, hat jede Gruppe einen Sprecher: Erst wenn sich die Gruppe auf einen Schmetterlingsnamen als Antwort geeinigt hat, darf der Sprecher »Stopp« rufen und den Namen nennen.
Vielleicht erfindet ihr auch Rätselfragen für die Begleitperson oder für die andere Gruppe?

Unterricht im Grünen Klassenzimmer

Einige Beispiele von Rätselfragen:
- Ich bin ein Offizier der Marine. (Admiral)
- Von mir sagt man, ich hätte eine Gans gestohlen. (Kleiner Fuchs)
- Meine Flügel haben die Farbe einer sehr sauren Frucht. (Zitronenfalter)
- Meine Flügel erinnern an den Schwanz eines bekannten Vogels. (Schwalbenschwanz)
- In meinem Namen findet sich eine stachelige Pflanze. (Distelfalter)
- Ich falle von deinem Finger herunter, wenn du dich geschnitten hast. (Blutströpfchen bzw. Sechsfleck-Widderchen)
- Meine Flügelfarbe leuchtet wie der Himmel bei Sonnenschein. (Bläuling)
- Ich bin sehr unbeliebt, und meine Raupe mag Äpfel. (Apfelwickler)
- Ich sehe aus wie ein schwarzweiß kariertes Spielfeld. (Schachbrettfalter)
- Meine Flügel tragen Flecken, die wie Augen aussehen. (Tagpfauenauge oder diverse Augenfalter-Arten)
- Mich findest du in jedem Atlas. (Landkärtchen)
- Auf meinen Flügeln steht ein griechischer Buchstabe geschrieben. (Gammaeule)
- Ich fege keinen Schornstein, trage aber ein dunkles Gewand. (Schornsteinfeger)

Material:
Nüsse, Steine oder Ähnliches

Wer hat's gewusst?

Zwei oder mehr Rategruppen spielen gegeneinander und müssen dabei jeweils gemeinsam als Gruppe Stück für Stück von einer Startlinie zu einer Ziellinie gelangen.
Der Spielleiter stellt eine Behauptung zu Schmetterlingen auf, und ihr diskutiert innerhalb eurer Gruppen, ob sie richtig oder falsch ist. Sind alle Gruppen intern zu einem Ergebnis gekommen, halten sie gleichzeitig für »richtig« eine grüne Karte hoch, für »falsch« eine rote. Die Gruppen, die die richtige Karte gezeigt haben, dürfen eine vorher definierte Strecke vorrücken. Die anderen müssen an ihrem Ausgangsort bleiben. Die Entfernung von Start- und Ziellinie ist so angelegt, dass ihr bei allen richtigen Antworten das Ziel erreichen könnt.

Beispiele für Behauptungen:
- Schmetterlinge haben vier gleiche Flügel. > falsch (Vorder- und Hinterflügel unterscheiden sich, nur rechts und links sind die Flügel gleich.)
- Die Augen sitzen vorn an den Fühlern. > falsch (Die Augen sitzen am Kopf.)
- Die Raupen vom Kleinen Fuchs fressen ihr Leben lang nur Brennnesseln. > richtig
- Raupen haben so viele Beine wie der Falter. > falsch (Raupen haben zusätzlich noch vier Paar ungegliederte Bauchbeine und einen Nachschieber.)
- Der Falter kann sofort losfliegen, wenn er geschlüpft ist. > falsch (Erst müssen seine Flügel sich entfalten, trocknen und aushärten.)
- Die meisten Falter leben nur wenige Wochen. > richtig
- Schmetterlinge schlafen im Sitzen und halten sich mit ihren Beinen fest. > richtig

- Die Raupen vom Admiral spinnen sich ein Blatttüten-Versteck. > richtig
- Nachtfalter können sehr weit sehen. > falsch (Keine Schmetterlinge können weit sehen, und Nachtfalter riechen vor allem ausgesprochen gut.)
- Schmetterlingseier findet man immer einzeln an Blättern abgelegt. > falsch (Je nach Art werden sie einzeln, in Haufen, Reihen, Ringen usw. abgelegt.)
- Nachtfalterweibchen haben keulenförmig verdickte Fühlerenden. > falsch (Keulenförmig verdickt sind die Fühlerspitzen der Tagfalter.)
- Nur der Zitronenfalter überwintert bei uns als Falter. > falsch (Sechs Tagfalterarten überwintern bei uns als Falter.)
- Der Kleine Fuchs hat einen blauen Fleckensaum. > richtig
- Das Taubenschwänzchen legt seine Eier im Flug ab. > richtig
- Der Schachbrettfalter hat keine Augenflecken auf den Flügeln. > falsch
- Der Schornsteinfeger und das Kleine Wiesenvögelchen haben sechs Laufbeine. > falsch
- Das Große Ochsenauge legt seine Eier in lockeren Häufchen an Hahnenfuß-Blüten ab. > falsch (Es lässt sie einzeln ins Gras fallen.)

Material:
rote und grüne Karten

Lebensnetz der Schmetterlinge

Bei dieser Aktivität stehen die Beziehungen der Schmetterlinge zu den Pflanzen, zu ihren Feinden und zu ihrem Lebensraum im Mittelpunkt, zum Beispiel: Welche Raupen brauchen welche Nahrungspflanzen? Wer wird von wem gefressen? Für wen ist eine Baumhöhle von Bedeutung? Dieses Spiel zeigt auf, dass in der Schmetterlingswelt wie auch überall in der Natur alles mit allem verbunden ist, und es wird gemeinsam darüber nachgedacht, wie diese Beziehungen aussehen. Jedes Kind bekommt ein Papierschild mit einem Tier- oder Pflanzennamen oder einer anderen Rolle aus der Schmetterlingswelt zugeteilt und befestigt dieses mit einer Sicherheitsnadel für die anderen gut lesbar vorn an seiner Kleidung. Auf einzelnen Schildern steht »Joker« geschrieben. Ihr steht im Kreis und knüpft nun ein Netz der Beziehungen. Ein Kind nach dem anderen wirft einem Gegenüber ein Knäuel dicke Schnur zu und erklärt, was es gemäß dem Begriff auf seinem Schild mit dem Gegenüber zu tun hat, zum Beispiel: Ich fresse dich, du bietest mir Unterschlupf, wir paaren uns usw. Wichtig ist, dass ihr Schulter an Schulter eng zusammensteht, möglichst ein gegenüberstehendes Kind anspricht und die Schnur so gut spannt, dass das Geflecht in der Mitte gleichmäßig immer dichter werden kann. Spätestens gegen Ende wird es immer schwieriger, eine Beziehung zu den noch freien Kindern zu finden, die noch keine Schnur halten. Dann können die Joker weiterhelfen, die je nach Bedarf zu Schmetterlingen oder Pflanzen werden dürfen. Sind auf diese Weise schließlich alle Kinder über die Lebensnetzschnur mit anderen Kindern verbunden, wird das Netz auf die Probe gestellt: Ist es stabil genug, um das leichteste Kind aus der Klasse zu tragen? Um das zu

»Ich als Hornisse könnte dich fressen.«

prüfen, geht ihr alle mit der gut gespannten Schnur in die Hocke, und das mutige Kind legt sich an einer Stelle mit vielen Kreuzungspunkten mit ausgebreiteten Armen und Beinen auf das Schnurnetz am Boden. Wenn sich dann vorsichtig und gleichzeitig alle erheben, wird das Kind mit in die Höhe genommen und von lauter »Beziehungen« getragen. Ist es wieder wohlbehalten auf dem Boden abgelegt, stellt sich die spannende Frage, ob auch der Spielleiter von der Gruppe getragen werden kann.
Solange jemand im Netz liegt, darf die Schnur keinesfalls losgelassen werden! Aber anschließend überlegt ihr, was es bedeutet, wenn zum Beispiel die Brennnessel oder der Klee verloren geht, das heißt, wenn ihr die entsprechende Schnur loslässt. Vergleichbar zum Schnurnetz verliert auch das Beziehungsnetz in den Lebensgemeinschaften in der Natur an Tragfähigkeit!

Hinweis: Es sollten möglichst ca. 20 Kinder mitspielen. Wenn das Schnurknäuel auch gleich wieder rückwärts aufgewickelt wird, dauert die Aktivität mindestens 45 Minuten.

Material:
1 Rolle dicke Paketschnur
Schilder und Sicherheitsnadeln

Folgende Begriffe können zum Beispiel auf Schildern ausgeteilt werden: Admiral, Tagpfauenauge, Bläuling, Distelfalter, Kleiner Fuchs, Ei, Puppe, 3-mal Raupe, Distelblüte, Rotklee, 2-mal Brennnessel, Fallobst, Gras, Hornklee, Thymian, Vogel, Fledermaus, Ameise, Spinne, Hornisse, Gartenbesitzer, Baumhöhle, 3-mal Joker

Das Lebensnetz wird immer dichter.

Schmetterlings-Bingo

Bei dieser Aktivität müsst ihr euch über Schmetterlinge austauschen, um an das Ziel zu kommen.
Jedes Kind bekommt einen Arbeitsbogen mit neun Fragen und hat die Aufgabe, diesen zügig und vor allem korrekt auszufüllen – allerdings nicht allein, sondern im Gespräch mit anderen Schmetterlingsforschern. Dazu müsst ihr jede Frage von einem anderen Gesprächspartner beantworten lassen, der die Antwort und seinen Namen hinter die Frage auf euren Bogen schreibt. Wer auf alle seine Fragen eine Antwort bekommen hat, darf laut »Bingo« rufen. Aber ob der Schnellste auch die meisten richtigen Antworten hat? Am besten formuliert der Spielleiter oder Lehrer einen eigenen, zu seinen Inhalten passenden Fragebogen, den er noch mit einigen der folgenden Fragen ergänzen kann.

- Wie verbringen Distelfalter und Kleiner Fuchs den Winter? (Der Distelfalter zieht in den Süden, der Kleine Fuchs überwintert bei uns an geschützten Orten als Falter.)
- Welche Nachtfalterart kennst du?
- Wie heißt der weiße Schmetterling, bei dem das Männchen orangefarbene Flügelspitzen hat? (Aurorafalter)
- Was kennzeichnet einen schmetterlingsfreundlichen Garten? (Einheimische Pflanzenarten, die von Frühjahr bis Herbst viel Nektar anbieten oder Raupenfutterpflanzen sind; einheimische Sträucher, die Nahrungspflanzen und Unterschlupf anbieten; »Wildnisbereiche«)
- Wie sehen die Fühler von einem Tagfalter aus? (Sie haben keulenförmig verdickte Fühlerenden.)
- Wie schützt sich das Sechsfleck-Widderchen vor Fressfeinden? (Raupe und Falter enthalten Blausäureverbindungen.)
- Beschreibe eine typische Schmetterlingsblüte. (Ausgebreitete Kronblätter bieten einen geeigneten Landeplatz, die Kronröhre ist tief, die Blütenfarbe ist oft rot oder violett.)
- Mit welchem Körperorgan riechen die Schmetterlinge? (mit den Fühlern)
- Wie viele Tagfalterarten gibt es in Deutschland oder in der Schweiz? (190 in Deutschland, 212 in der Schweiz)
- In welchem Stadium überwintern die meisten Schmetterlinge? (Als Raupe oder Puppe)
- Nenne zwei mögliche Strategien, mit denen sich Raupen vor Fressfeinden schützen. (Ungenießbarkeit durch Giftstoffe oder bitteren, scharfen Geschmack; Warn- oder Tarnstrategien; starke Behaarung)
- Wie viele Beine hat eine Schmetterlingsraupe im Allgemeinen? (drei Brustbeinpaare, vier Bauchbeinpaare, einen Nachschieber)
- Wie unterscheiden sich Männchen und Weibchen des Zitronenfalters? (Während das Männchen zitronengelb ist, hat das Weibchen eine blassgelbe oder grünlichgelbe Farbe.)
- Wie viele Beine hat das Tagpfauenauge? (vier Laufbeine und zwei Putzpfoten)
- Welchen auffälligen Körperbau haben Dickkopffalter? (Die Falter sind meist eher klein, mit plumpem, gedrungenem Körper und breitem, großem Kopf.)

Material:
pro Kind ein Arbeitsblatt und einen Schreibstift

Unser Schmetterlingsbuch

Um euch exemplarisch mit einzelnen Schmetterlingsarten zu beschäftigen und eine Auswahl gründlich zu erforschen, legt ihr in Kleingruppen Steckbriefe für einzelne Arten an. Sie werden alle für jedes Kind kopiert, und daraus könnt ihr euer ganz persönliches Schmetterlingsbuch gestalten.

Zu einem Steckbrief gehören neben dem deutschen und dem wissenschaftlichen Namen eine Beschreibung des Aussehens des Falters und eine Schwarz-Weiß-Abbildung, die jedes Kind dann selber farbig ausmalen kann. Außerdem: Wovon ernährt sich die Raupe, wie sieht sie aus und wie verpuppt sie sich? Gibt es Besonderheiten in der Lebensweise des Falters? Und was weißt du sonst noch über diese Schmetterlingsart? Gute, arttypische Kopiervorlagen, die auch als Ausmalbogen dienen können, sowie Informationen zu häufigen Arten finden sich im Internet unter www.schmetterlingsland.de, unter www.insektenbox.de und unter www.schmetterling-raupe.de. Außerdem können die Schulkinder einzelne Arten im Kurzvortrag vorstellen.

Folgende Arten haben die Kinder vielleicht im Laufe der Schmetterlingswerkstatt kennengelernt und sollten in ihrem Schmetterlingsbuch nicht fehlen: Admiral, Aurorafalter, Sechsfleck-Widderchen, Distelfalter, Großes Ochsenauge, Hauhechel-Bläuling, Kleiner Fuchs, Kleiner Kohlweißling, Schachbrettfalter, Schwalbenschwanz, Tagpfauenauge, Zitronenfalter.

Material:

Steckbriefformulare mit Schwarz-Weiß-Abbildung

Bücher

Schmetterlingsreferat in der Schule

»Geflügelte Worte« und wie es weitergehen kann

Beim Schreiben von einfachen Gedichten drücken die Kinder ihre Erlebnisse mit Schmetterlingen und ihre Beobachtungen in kreativer Weise aus. Elfchen und Haiku sind einfache Gedichtformen, deren Aufbau vorgegeben ist und den Kindern beim Schreiben einen Rahmen gibt.

Kleiner Fuchs

Elfchen und Haiku

Elfchen bestehen aus elf Wörtern, die in festgelegter Folge auf fünf Zeilen verteilt sind. Für jede Zeile können sie einen besonderen Auftrag formulieren oder aber den Inhalt auch offenlassen. Zum Beispiel:

1. Zeile: 1 Wort (ein Substantiv)
2. Zeile: 2 Wörter (Eigenschaften)
3. Zeile: 3 Wörter (Wo ist der Gegenstand, dieses Lebewesen?)
4. Zeile: 4 Wörter (Was tut der Gegenstand, dieses Lebewesen?)
5. Zeile: 1 Wort (ein abschließendes Schlüsselwort)

Das Haiku ist eine traditionelle japanische Gedichtform, die oft Jahreszeiten oder die Natur zum Thema hat. Die Gedichte bestehen aus drei Zeilen: die erste hat fünf Silben, die zweite sieben und die dritte Zeile hat wieder fünf Silben.
Nachdem Sie mit den Kindern ein paar Beispiele von Elfchen und Haikus besprochen haben, kann das Dichten beginnen.

Material:
Schreibstift und vorgefertigte Arbeitsblätter, auf denen die Zeilen und Wortverteilungen vorgegeben sind

Beispiele Haiku
Die Schmetterlinge
als sie sich heimlich trafen
so kühl und höflich.
(Kijo, berühmter japanischer Lyriker, 1865–1938)

Schimmernde Flügel
der Schmetterling ist sehr schön
rötlich wie der Fuchs.
(Lea, 10 Jahre)

Beispiel Elfchen
Eier
klein weiß
durchsichtig auf Brennnesseln
nun schlüpfen sie bald
Raupen.
(Levin, 9 Jahre)

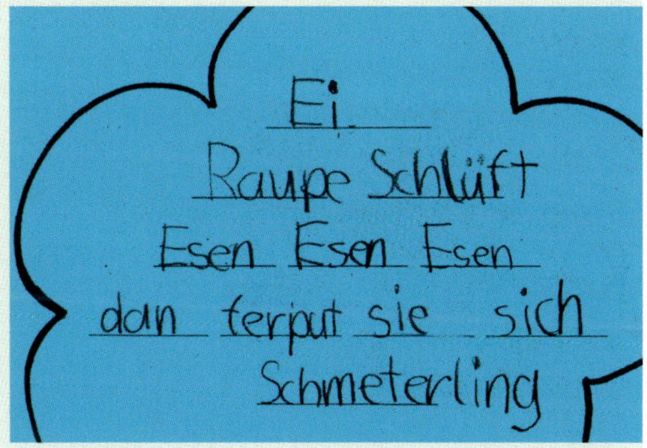

Auch in unserer Sprache flattern Schmetterlinge umher
»Ich krieg die Motten!« = Ausruf der Überraschung
»In das Projekt sind die Motten gekommen« = Es geht nicht mehr voran, es ist nicht mehr so gut wie es mal war.
»Das ist aus der Mottenkiste« = Das ist veraltet oder nicht zeitgemäß.
»Schmetterlinge im Bauch« = eine Beschreibung für das Gefühl des Verliebtseins

Schmetterlingsstil ist eine Schwimmdisziplin.
Der Schmetterlingsbuntbarsch ist ein sehr bunter Fisch.
Der Schmetterlingsknoten ist eine bestimmte Knotentechnik, die ein wenig an das Aussehen von Schmetterlingen erinnert.
Der Schmetterlingseffekt besagt, dass in komplexen, dynamischen Systemen geringfügige Ursachen (wie der Flügelschlag eines Schmetterlings) große, unvorhersehbare Wirkungen (wie einen Sturm) haben können.
Schmetterlingsblütler sind eine Pflanzenfamilie.

Fantasiereise mit dem Kleinen Wiesenvögelchen

Die Kinder setzen oder legen sich bequem so hin, dass sie während der Fantasiereise ruhig und entspannt bleiben können. Sie lenken das Bewusstsein der Kinder auf ihren Körper und ihre Atmung, und wenn es nirgendwo mehr zappelt und raschelt, lassen Sie eine Klangschale ertönen und beginnen die Geschichte vom Kleinen Wiesenvögelchen vorzulesen – mit ruhiger Stimme und vielen Pausen. Lassen Sie sie dann ruhig ausklingen und »wecken« Sie die Kinder wieder sanft mit der Klangschale.

Material:
Klangschale als Zeichen für Anfang und Ende
Text

Stell dir vor, es ist ein warmer Sommertag im Juni und du bist ein Kleines Wiesenvögelchen, das noch in seiner Puppenhülle ruht. Gut getarnt hängst du als Puppe an einem Grashalm mit dem Kopf nach unten. Eng und dunkel ist es in deiner Hülle. Deine Fühler, dein Saugrüssel und deine Beine sind dicht an deinen Körper gelegt und deine Flügel sind so eng zusammengefaltet, dass sie wenig Platz brauchen.
Du spürst genau, dass heute ein ganz besonderer Tag ist. Da ist Unruhe in dir und du möchtest nach draußen ans Licht und in die Weite. Schon eine ganze Weile drückst du von innen gegen die harte Puppenhaut. Nun gibt sie endlich nach und reißt auf. Ganz vorsichtig streckst du deine Beine, deine Fühler vor, und dann drängen auch dein restlicher Körper und die Flügel nach außen. Herrlich, diese Weite, endlich kannst du alles ausstrecken! Noch sind deine Flügel feucht und hängen schwer herab. Aber schon bald fühlst du, wie sie trocken werden und sich Stück für Stück weiter entfalten. Schließlich sind sie ganz ausgebreitet und zeigen ihre Farben und Muster. Ein kleiner, hübscher Falter bist du nun, mit wunderschönen Braun- und Grautönen. Deine Flügeloberseite ist schlicht orangebraun und trägt an der Vorderflügelspitze nur einen leichten Augenfleck. Aber auf der Unterseite kommen noch andere Braun- und Grautöne dazu. Hier sind deine Vorderflügel sogar kräftiger orange gefärbt und vorn an der Spitze leuchtet ein kecker Augenfleck. Klein und ganz hübsch ist dieser Fleck mit seinem hellen Kern und dem hellem Rand.
Schon eine ganze Weile sitzt du ruhig da an diesem Sommermorgen, mit zusammengeklappten Flügeln und quer zur Sonne, um möglichst viel Sonnenwärme zu tanken. Aber nach einiger Zeit magst du nicht mehr ruhen. Du hebst ab und fliegst durch die Luft, um deine Wiese von oben zu erkunden. Wunderschön, die vielen bunten Blumen, die unter dir zwischen den Gräsern wachsen. Und wie köstlich sie duften! Du fühlst dich herrlich leicht und frei und drehst ein paar Runden. Dabei genießt du den wunderbaren Duft der Blumen und Gräser, spürst die wohlige Wärme der Sonne und lässt dich vom leichten Sommerwind ein wenig treiben. Dann aber verspürst du den ersten Hunger auf Blütensaft. Mitten auf der Wiese, an einer besonders sonnigen Stelle, lockt dich ein Flecken Thymian mit seinen Farben und dem starken Duft.

Du landest dort und lässt dich sanft auf seinen wohlriechenden Blüten nieder. Zum ersten Mal entrollst du deinen spiralförmig aufgerollten Saugrüssel und steckst ihn in die Blüten. Lecker, dieser süße Nektar, köstlich und wohltuend! Auch die anderen Pflanzen um dich herum duften und wiegen sich im leichten Sommerwind. Zufrieden und neugierig beobachtest du eine kleine Spinne, die neben dem Thymian zwischen zwei Grashalmen ihr Netz spannt. Die Welt um dich herum ist voller Leben, Farben und Düfte. Die Sonnenstrahlen wärmen deine orangebraunen Flügel und du genießt diesen Tag. Dann fliegst du von Blüte zu Blüte weiter, mal hier und mal dort Blütensaft saugend. Dann aber lockt dich ganz hinten am Wiesenrand eine Margerite mit ihrem strahlenden Weiß und Gelb. Du folgst ihrem Ruf, fliegst zu ihr und lässt dich nichtsahnend auf ihr nieder. Ganz plötzlich bewegt sich etwas in diesem Weiß und kommt auf dich zu. Du bekommst einen Riesenschreck! Eine hungrige weiße Krabbenspinne hatte sich dort versteckt und greift nun plötzlich nach dir. Du spürst, wie sie dich fest umklammert und dich töten will, und du zappelst und kämpfst um dein Leben. Für einen kurzen Moment rutschen ihre Beine ab. Das ist deine Rettung! Du kannst dich befreien und kommst gerade nochmals mit dem Leben davon. Dein Vorderflügel ist zwar ein wenig verletzt, es fehlt jetzt ein kleines Stück, aber du kannst noch genauso gut fliegen wie vorher. Inzwischen steht die Sommersonne hoch über der Blumenwiese, und es ist richtig heiß geworden. Du fühlst dich schwer und suchst dir am Wiesenrand einen Platz im Schatten der Hecke, um dich über die Mittagszeit ein wenig auszuruhen – aber nicht ohne vorher zu prüfen, ob da nicht wieder eine Krabbenspinne lauert. Jetzt erst bemerkst du, dass du auf dieser Wiese ja gar nicht allein bist! Ganz in deiner Nähe sitzen auch andere Kleine Wiesenvögelchen. In Gesellschaft lässt es sich gut ein paar Stunden warten, bis die Mittagshitze vorüber ist. Unter dir siehst du eine Ameisenkolonne durch die Wiese ziehen, und um dich herum singen Grashüpfer ihre Lieder. Für eine Weile schläfst du sogar ein.

Inzwischen ist es Nachmittag geworden. Du hast dich erholt und verspürst wieder Lust auf Nektar. Aber was ist das? Etwas Schweres fällt auf deinen Körper und fühlt sich kühl an. Und nochmals und nochmals. Es sind kleine Regentropfen. Da bleibst du lieber noch ein wenig länger unter dem Schutzdach der Hecke sitzen. Der Regen wird mehr, dicke Tropfen prasseln um dich herum zu Boden. Erst wenn dieser Sommerregen vorüber ist, kommst du wieder hervor. Die Erde dampft und die Luft hat sich abgekühlt. Überall tropft Wasser von den Blüten, Zweigen und Stängeln. Es dauert eine ganze Weile, bis die Sonnenstrahlen die Blüten wieder getrocknet haben und du deinen Hunger noch einmal stillen kannst. Dann beginnt langsam die Dämmerung. Das bunte Treiben auf der Wiese kommt allmählich zur Ruhe. Viele Blumen senken ihre Köpfe und schließen ihre Blüten. Und du suchst dir einen geschützten Ort für die Nacht. Dort klappst du die Flügel über dir zusammen und träumst von deinem aufregenden, ersten Tag auf der Blumenwiese. Morgen warten neue Abenteuer, aber nun kehrt erst einmal Ruhe ein.

Kunterbunter Informationsstand zum Thema Schmetterlinge

Schmetterlingsprojekte sind »ansteckend«, und das Thema wird von ganz allein auch die Familien ergreifen. Der Großvater wird überzeugt, doch tatsächlich die Brennnesseln im Garten stehen zu lassen, der kleine Bruder wünscht sich einen Schmetterlingsgeburtstag mit Schmetterlingskuchen und Schmetterlingsspielen, der Sommerurlaub muss ein wenig verschoben werden, damit alle das Schlüpfen der aufgezogenen Falter miterleben können …

Nutzen Sie den Schwung der jungen Schmetterlingskundler und die ansteckende Wirkung ihrer Begeisterung! Machen Sie den Kollegen Lust und Mut, Schmetterlinge in ihren Unterricht »hineinflattern« zu lassen. Schmetterlinge sind ein wunderbares Thema für Schulprojekttage oder für ein Abschlussprojekt der Vorschulkinder. Ein abschließendes Schmetterlingsfest mit einer Schmetterlingsbilder-Galerie berichtet über das Projekt, lässt die Besucher teilhaben und kann Anlass für einen Bericht in der Lokalpresse sein.

Vielleicht möchten sich schmetterlingsbegeisterte Familien weiter mit dem Thema beschäftigen? Die Aktion »Abenteuer Faltertage« des Bundes für Umwelt und Naturschutz Deutschland e. V. (BUND) bietet die Möglichkeit, sich weiter mit den zehn häufigsten Schmetterlingsarten zu beschäftigen. Weitere Informationen dazu gibt es unter www.bund.net/faltertage.

Ebenso ist die Öffentlichkeit in Deutschland eingeladen, sich beim Tagfalter-Monitoring des Helmholtz Umweltforschungszentrums (UFZ) zu beteiligen: Freiwillige erfassen bei regelmäßigen wöchentlichen Begehungen von April bis September auf selbst gewählten Strecken alle tagaktiven Schmetterlinge und können sich dabei Unterstützung von Regionalkoordinatoren holen. Mehr dazu unter www.tagfalter-monitoring.de.

Vielleicht gibt es in Ihrer Nähe ein Schmetterlingshaus, wo nicht nur exotische, sondern auch einheimische Schmetterlinge zu bestaunen sind? Bekannte Beispiele sind das Papiliorama in Kerzers/Schweiz (www.papiliorama.ch), das Schmetterlingshaus Mainau auf der Insel Mainau im Bodensee/Deutschland (www.mainau.de/schmetterlingshaus), der Garten der Schmetterlinge Schloss Sayn in Bendorf/Deutschland (www.sayn.de) und das Schmetterlinghaus in Wien (www.schmetterlinghaus.at).

Schmetterlinge zum Reinbeißen

Schmetterlingsleckereien

Als Verköstigung bei einem Schmetterlingsfest müssen es ja nicht gegrillte Seidenraupen sein, sondern eine Schmetterlingstorte oder Schmetterlingsgebäck tun es auch!

Eine Schmetterlingstorte ist einfach gemacht: Ein Tortenboden wird mit Schlagsahne, Vanillepudding oder einer anderen Schicht als Grundbelag bestrichen und dann mit Obst und anderen Leckereien belegt. Dann wird der Boden in der Mitte in zwei Hälften geteilt, die verdreht wieder zusammengesetzt werden, sodass sie wie die Flügel aussehen. Vielleicht bekommt der Falter noch essbare Fühler, und dann fliegt er ab in den Mund.

Für Schmetterlingsausstecher wird ein Knetteig aus folgenden Zutaten zubereitet: 300 g Mehl, ½ Päckchen Backpulver, 1 Prise Salz, 150 g kalte Butter, 100 g Zucker, 1 Päckchen Vanillezucker, 1 Ei. Nachdem er mindestens eine Stunde im Kühlschrank geruht hat, wird der Teig ausgerollt, zu Plätzchen ausgestochen und 10 bis 15 Minuten bei 180 Grad gebacken.

Material:

Backzutaten

Schmetterlingsausstecher

Kleines Wiesenvögelchen

»Darf ich vorstellen …« Schmetterlingsporträts

Die Hauptrolle in diesem Buch spielen vierzehn Tagfalterarten und vier Nachtfalterarten. Die meisten von ihnen können noch oft auf der Wiese, im Wald und Garten beobachtet werden. Manche unter ihnen sind deshalb bekannt, weil sie uns als erste Frühlingsboten oder als besonders prächtige Tiere auffallen. Und dann sind da noch die Schmetterlinge, mit denen wir im Alltag zu tun haben, sei es als Apfelbewohner oder Seidenproduzent. Die Auswahl dieser Schmetterlingsarten wurde bewusst klein gehalten, und sie werden im Buch immer wieder unter neuen Aspekten wiederholt, sodass sie sich mit ihrem Aussehen, ihren verschiedenen Lebensstadien und ihren Strategien einprägen.

Die folgenden Artporträts stellen spannende Elemente aus dem Leben der einzelnen Schmetterlinge vor oder beschreiben Merkmale, die auch der Laie beobachten kann. Einzelne Wiederholungen von anderen Passagen wurden bewusst in Kauf genommen, um die einzelnen Porträts abzurunden.

Der Admiral – ein beschwipster Winterflüchtling

Vanessa atalanta, Familie Edelfalter

Der Admiral ist ein Wanderfalter, der bei uns eigentlich nur zu Gast ist: Er verlässt im Frühjahr seine Heimat in Südeuropa und Nordafrika und macht sich auf den 1000 bis 2000 Kilometer langen Weg über die Alpen nach Mitteleuropa, wo dann die ersten erschöpften und oft ziemlich abgeflogenen Tiere im Mai ankommen.

Ansonsten trägt der Admiral ein prächtiges Kleid, das durch die rote Flügelbinde und die weißen Flecken auf dem Vorderflügel unverwechselbar ist. Diese Farben und das Muster erinnern an die Bänder und Sterne auf den Ärmeln der Admiralsuniform.

Das Weibchen klebt seine Eier einzeln an den Rand der Blattoberseite von Brennnesseln, und die Raupen schützen sich trickreich vor Fressfeinden: Sie fressen den Brennnesselblattstiel so an, dass das Blatt nach unten knickt, und spinnen dann seine Ränder zu einer Tüte zusammen, die ihnen gleichzeitig als Nahrung und als Versteck dient. Wenn das Blatt zu welk wird oder nicht mehr genügend Nahrung bietet, kommen sie hervor, um sich eine neue Tüte zu schaffen. Die Raupen sind ausgesprochen variabel, aber in der Regel tragen sie seitlich einen unterbrochenen Seitenstreifen aus weißen Sprenkeln und haben dornenartige Auswüchse. Im Hochsommer schlüpft die neue Faltergeneration, die bevorzugt an Waldrändern, aber auch in unseren Gärten lebt und ein breites Nahrungsspektrum hat. Bevor »unsere« Tiere dann im Spätsommer Mitteleuropa wieder in Richtung Süden verlassen, saugen sie mit Vorliebe an Zwetschgen oder Äpfeln, die als Fallobst am Boden liegen. Vom angegorenen Saft sind sie manchmal etwas beschwipst, dann kann man sie wunderbar aus der Nähe beobachten, weil ihr Fluchtverhalten verlangsamt ist.

Früher war es die Regel, dass die Tiere in den tiefen Süden aufbrechen, dort Eier legen und als nächste Generation zu uns zurückkommen. Inzwischen können aber in milden Wintern und in wärmeren Lagen nördlich und südlich der Alpen immer häufiger

Admiral

Tiere auch in den verschiedenen Stadien bei uns überdauern. Begegnet uns also schon zeitig im Frühjahr ein Admiral, so können wir davon ausgehen, dass er den Winter bei uns als Raupe verbracht hat.

Der Apfelwickler – ein unbeliebter Apfelbesucher

Cydia pomonella, Familie Wickler (Nachtfalter)

Der weltweit verbreitete und unscheinbar graubraune Apfelwickler ist verantwortlich für den »Wurm im Apfel«. Ende Mai bis Anfang Juni schlüpfen die dämmerungsaktiven Falter, und das Weibchen legt einzelne, schildförmige Eier auf junge Früchte oder manchmal auch Blätter des Apfelbaums und auch anderer Obstbäume. Daraus schlüpfen die jedem Apfelgenießer bekannten, zunächst weißlich-gelblichen und später rötlichen Raupen, die sich in die junge Frucht bohren und sich bis zum Kernhaus durchfressen. Von außen verraten sie nur die kaffeesatzartigen Kotkrümel am Einbohrloch, und von innen die mit Kotkrümeln angefüllten Fressgänge.

Nach drei bis vier Wochen verlassen die ausgewachsenen Raupen die Äpfel, um sich zu verpuppen. Dazu seilen sie sich an einem dünnen Faden ab und spinnen sich hinter Borkenschuppen oder anderen Ritzen in einem Kokon ein. Fällt der befallene Apfel schon vorher ab, kriecht die Raupe zum Stamm empor, um sich dort einzuspinnen. In warmen Jahren schlüpft noch im August oder September des gleichen Jahres ein neuer Falter und bildet eine neue Generation – in kühlen Jahren erst im nächsten Frühjahr.

Apfelwickler

Der Aurorafalter – ein Verehrer der Morgenröte

Anthocharis cardamines, Familie Weißlinge

Aurora heißt die römische Göttin der Morgenröte – welch schöne Parallele zu den leuchtend orangen Flügelspitzen des Männchens des Aurorafalters. Das Weibchen dagegen hat nur den großen schwarzen Spitzenfleck an den Vorderflügeln und wird deshalb manchmal mit anderen Weißlingen verwechselt. Eindeutig aber ist bei beiden Geschlechtern die Flügelunterseite: Vor allem im frisch geschlüpften Zustand trägt sie charakteristische grüne Sprenkel, die an gehackte Petersilie erinnern.

Der hübsche Aurorafalter gehört zu unseren Frühlingsboten, denn er schlüpft schon im April und ist dann in verschiedenen Lebensräumen und auch in unseren Gärten unterwegs. Bereits Ende Mai ist er für den Rest des Jahres wieder von der Bildfläche verschwunden – aber nicht ohne vorher seine typischen Eier gelegt zu haben. Sie sind spindelförmig und zunächst weiß, verfärben sich dann aber auffällig orange. Es lohnt sich, Ende April oder im Mai die Blütenstiele von Wiesen-Schaumkraut, Knoblauchsrauke oder anderen Kreuzblütlern nach ihnen abzusuchen.

Raupen zu finden ist dagegen so gut wie unmöglich, denn sie sind mit ihrer grünen Farbe fantastisch getarnt. Sie fressen vor allem Blüten und unreife Schoten, im Erwachse-

Weibchen des Aurorafalters

Männchen des Aurorafalters

Distelfalter (rechts)

nenstadium auch die Blätter ihrer Futterpflanzen. Und manchmal vergessen die Aurorafalter-Raupen ihr Dasein als Vegetarier und verzehren auch mal einen Artgenossen. Optimal getarnt ist auch die schlanke, elfenbeinfarbene Gürtelpuppe, die die Zeit vom Sommer bis zum nächsten Frühjahr an Halmen überdauert.

Der Distelfalter – ein Hochleistungssportler der Luft

Vanessa cardui bzw. Cynthia cardui, Familie Edelfalter

Entdecken wir im Juni einen Distelfalter mit zerschlissenen Flügeln, dann gebührt ihm unser größter Respekt. Dieses zarte Wesen ist vor ein paar Wochen südlich oder nördlich der Sahara gestartet und hat bis zu uns 2000 bis 3000 Kilometer Flugstrecke zurückgelegt! In manchen Jahren ist der Distelfalter eher selten bei uns, in anderen gibt es richtige Masseneinflüge aus dem Süden. Dann ist er einer der häufigsten Falter im Juni.

Die Weibchen legen ihre Eier einzeln auf die Blattoberseite von Brennnesseln oder Disteln. Die Raupen leben in einem lockeren Gespinst, das sich wie ein Netz über das Blatt zieht. Zuerst sind sie schwarz mit gelben Streifen und gelben Dornen, später tragen sie Farben von Schwarz über Silbergrau bis Rötlich.

Der Distelfalter ist ein guter, sehr schneller Flieger mit großem Flugradius. Er hat eine große Vorliebe für die Farbe Lila und saugt gern an Flockenblumen, verschiedenen Disteln und Sommerflieder. Bei uns durchläuft der Distelfalter meist zwei Generationen, bevor dann die »neuen« Tiere im Spätsommer wieder in den Süden zurückziehen. Im Gegensatz zum Admiral kann der Distelfalter bei uns den Winter nicht überdauern.

Die Gammaeule – ein Allesfresser unter den Raupen

Autographa gamma, Familie Eulen (Nachtfalter)

Die Gammaeule ist recht häufig, kann in allen Lebensräumen, auch im Garten und auf Ackerland vorkommen, und meidet nur geschlossene Waldgebiete. Deshalb, und weil sie tag- und nachtaktiv ist, gehört sie bei uns zu den bekanntesten Nachtfaltern.

Nicht selten lässt sie sich von den Lichtern in unseren Häusern anlocken. Bevor wir diese »mottenartigen« Tierchen vom Bann des Lichtes befreien und sie in die Freiheit zurückbringen, schauen wir uns die Flügelmusterung an: Die Gammaeule trägt auf ihren braunen Flügeln ein Zeichen, das an das Gamma aus dem griechischen Alphabet erinnert – daher auch ihr Name.

In der Natur fliegt sie im Schwirrflug von Blüte zu Blüte, setzt sich beim Saugen oft gar nicht auf die Blüte, sondern hält sich nur mit den Vorderbeinen fest. So steht sie mit schwirrenden Flügeln vor der Blüte und ist jederzeit fluchtbereit.

Auch die Gammaeule ist ein Wanderfalter, der aus Südeuropa zu uns kommt und hier in zwei bis drei Generationen lebt. Während sie im Frühsommer noch recht selten zu beobachten ist, wird sie gegen Herbst immer häufiger.

Gammaeule

Weibchen (links) und Männchen (rechts) des Großen Ochsenauges

Das Große Ochsenauge – ein heimlicher Grasfresser

Maniola jurtina, Familie Augenfalter

Der Name Ochsenauge bezieht sich vermutlich auf die weiß gekernten Augenflecken auf den Flügelunterseiten, die gut zu sehen sind, weil der Falter im Sitzen die Flügel fast immer zusammengeklappt hat. Das Ochsenauge erscheint erst im Juni oder Juli und gehört im Hochsommer bei uns zu den häufigsten Schmetterlingsarten. In den heißesten Wochen legen die Großen Ochsenaugen manchmal tagelange Ruhepausen ein, in denen sie bewegungslos an schattigen Orten sitzen. Sie leben in nur einer Generation und kommen vor allem in offenen Graslandbiotopen vor.

Bei der Eiablage geht das Weibchen pragmatisch vor: Es lässt sie einzeln im Flug fallen oder legt sie kurz über dem Boden an trockene Grasteile. Die Jungraupe frisst tagsüber an verschiedenen Grasarten und überwintert. Erst im nächsten Jahr entwickeln sich die älteren Stadien, die dann aber zum Schutz vor Fressfeinden nur noch nachts fressen und sich tagsüber verborgen halten. Die Verpuppung erfolgt an trockenen Pflanzenteilen dicht über dem Boden.

Der Hauhechel-Bläuling – ein Ameisenfreund

Polyommatus icarus, Familie Bläulinge

Kaum zu glauben, dass aus der asselartigen, blassgrünen, mit Borsten übersäten Raupe später ein wunderschöner Bläuling wird! Die Raupen sind in der Wiese perfekt getarnt und kaum zu entdecken. Sie leben in einer Lebensgemeinschaft (Symbiose) mit Ameisen zusammen. Wenn die Ameisen die Raupe des Hauhechel-Bläulings ähnlich wie eine

Weibchen (oben links) und Männchen (oben rechts) des Hauhechel-Bläulings

Flügelunterseite des männlichen Hauhechel-Bläulings

Blattlaus »betrillern«, geben sie einen zuckerhaltigen Tropfen aus einer Drüse ab. Diesen Leckerbissen nehmen die Ameisen gern auf und schützen derweil die Raupe vor ihren Fressfeinden.

Der Hauhechel-Bläuling (auch Ikarus-Bläuling oder Gemeiner Bläuling genannt) ist unsere häufigste Bläulingsart und kommt in zwei bis drei Generationen im Offenland vor. Am wohlsten fühlt er sich im mageren Grünland, aber auch in Gärten und Parks ist er unterwegs – überall dort, wo er seine Futterpflanzen findet.

Er saugt besonders gern an Hornklee und anderen Schmetterlingsblütlern. Nicht selten sieht man die männlichen Falter auch am Boden sitzen oder an Aas saugen: Sie brauchen Salz und Stickstoff für die Produktion von Sexuallockstoffen. Nicht nur hier zeigen sie ihren geselligen Charakter, sondern auch beim Schlafen, denn manchmal bilden sie ganze Gesellschaften an ihren Ruhepflanzen.

Der Name »Bläuling« passt eigentlich nur zu den Männchen, deren Flügel oberseits leuchtend blau sind, denn die Weibchen tragen ein unscheinbares Braun mit nur einem Blauschimmer und orangeroten Randflecken an den Hinterflügeln. Nicht jeder leuchtend blaue Falter ist allerdings ein Hauhechel-Bläuling, denn es gibt viele Bläulingsarten, und diese auseinanderzuhalten, ist nicht einfach.

Der verdrehte Schmetterling

Ein Metterschling
mit flauen Blügeln
log durch die Fluft.

Er war einem Computer entkommen,
dem war was durcheinander gekommen,
irgendein Drähtchen,
irgendein Rädchen.
Und als man es merkte,
da wars schon zu spätchen,
da war der Metterschling.
schon feit wort,
wanz geit.

Mir lut er teid.

Aus: Lobe, M. und Kaufmann, A. (2014):
Zwei Elefanten, die sich gut kannten,
Jungbrunnen-Verlag, Wien.

Der Kleine Fuchs – ein harmloses »Raubtier«

Aglais urticae bzw. Nymphalis urticae, Familie Edelfalter

Neben dem Zitronenfalter ist der Kleine Fuchs meist der erste Falter, der im Jahr erscheint. Im März, manchmal sogar schon an warmen Tagen im Februar, ist er beim Sonnenbaden zu beobachten. Sein Flügelkleid leuchtet oberseits fuchsrot, und dazu bildet der blaue, dunkel gefasste Fleckensaum an den Vorder- und Hinterflügeln einen wunderschönen Kontrast. Sein Körper ist ausgesprochen stark behaart.

So früh im Jahr darf man beim Nektarsaugen nicht wählerisch sein, denn das Blütenangebot ist noch nicht groß. Aus diesem Grund ist der Kleine Fuchs auch an vielen verschiedenen Nektarpflanzen und auch an fremdländischen Gartenpflanzen zu beobachten. Er ist einer unserer häufigsten Tagfalter und besiedelt ganz verschiedene Lebensräume – Hauptsache, die Brennnessel als seine Raupenfutterpflanze kommt dort vor. Seine Eier legt das Weibchen in Häufchen nur an die jungen, frischen Triebspitzen der Brennnesseln in sonnigen Lagen, und in seltenen Fällen auch an Hopfen. Die zunächst bräunlichen Raupen leben erst gesellig in Gespinsten, sodass sie gegen kalte Nächte und Fressfeinde geschützt sind. Erst später werden sie zu Einzelgängern, sind dann schwarz mit schwarzen Dornen und haben meist – aber nicht immer – gelbe Streifen an Seiten und Rücken. In guten Jahren schafft es der Kleine Fuchs auf drei Generationen. Den Winter verbringt er als Falter in Baumhöhlen, in Dachstühlen, Schuppen, Holzstapeln und anderen geschützten Orten. Trotz seines Namens ist dieses »Raubtier« natürlich ein strikter Vegetarier.

Der Kleine Kohlweißling – ein Gemüseliebhaber

Pieris rapae, Familie Weißlinge

Auch der Kleine Kohlweißling gehört in Mitteleuropa zu den häufigsten Schmetterlingen. Er ist schon ab März/April als Falter unterwegs, fliegt bis Oktober in drei bis sogar vier Generationen und wagt sich bis über die Waldgrenze hinauf.

Seine Vorderflügel tragen graue bis schwarze Spitzen. Männchen und Weibchen sind gut zu unterscheiden: Das Weibchen hat zusätzlich zwei dunkle Flecken auf jedem Vorderflügel, das Männchen nur einen. Die zunächst cremefarbenen Flügelunterseiten der frisch geschlüpften Tiere werden mit dem Alter immer blasser.

Bei Gärtnern und Landwirten ist der Kleine Kohlweißling nicht beliebt, denn das Weibchen legt seine Eier nicht nur an Kapuzinerkresse, Raps und wildwachsende Kreuzblütler, sondern auch an Blumenkohl, Weißkohl, Rotkohl und andere Kohlarten. Damit nicht genug, denn die Raupen fressen sich bis tief in das Kohlherz hinein und können dort schlecht bekämpft werden. Sie sind grün, haben an der Seite und auf dem Rücken gelbe Streifen aus zarten Punkten und sind dicht und kurz behaart. Von den meisten Vögeln werden sie verschmäht, denn die mit den Nahrungspflanzen aufgenommenen, scharfen Senfölglycoside machen ihren Körper ungenießbar. Die Raupen verpuppen sich gern an Zäunen und Wänden, und die Puppe überdauert den Winter.

Kleiner Fuchs (oben)

Weibchen des Kleinen Kohlweißlings (links)
und seine Flügelunterseite (rechts)

Das Kleine Wiesenvögelchen – ein unscheinbarer Winzling

Coenonympha pamphilus, Familie Augenfalter

Das Kleine Wiesenvögelchen (auch Kleiner Heufalter oder Kleiner Haugrasfalter genannt) braucht lückiges, niederwüchsiges Grasland, ist aber auch auf intensiv bewirtschafteten Wiesen mit offenen Bodenbereichen nicht selten. Die Tiere bleiben ihrem Standort ausgesprochen treu und sind deshalb oft zu mehreren immer an der gleichen Stelle zu beobachten. Gern sitzen sie mit quer zur Sonne zusammengefalteten Flügeln auf den Pflanzen und tanken Sonnenwärme. Ihre Flügeloberseite zeigen sie nur sehr selten.

Kleines Wiesenvögelchen bei der Paarung

Das Kleine Wiesenvögelchen macht seinem Namen alle Ehre, denn der unauffällige, hellbraun-graue, aber hübsche Falter ist mit einer Flügelspannweite von nur zwei bis drei Zentimetern recht klein. Auf der Vorderflügelunterseite trägt er an der Spitze einen weiß gekernten Augenfleck, der aber auch fehlen kann.

Die Eier werden einzeln an dürre Stängel oder Blätter nahe am Boden abgelegt, die Raupe frisst an verschiedenen Grasarten und überwintert, und die Stürzpuppe hängt an Grashalmen.

Der Rostfarbige Dickkopffalter – ein parfümierter Dickkopf

Ochlodes venata bzw. Ochlodes sylvanus, Familie Dickkopffalter

Der Rostfarbige Dickkopffalter (auch Mattfleckiger Kommafalter genannt) ist bei uns die häufigste Dickkopffalterart und hat wie die anderen Vertreter seiner Familie einen gedrungenen, kleinen Körper mit breitem Kopf. Gut zu erkennen ist beim Männchen ein dunkler, länglicher Fleck mit Duftschuppen auf der rostfarbenen Vorderflügeloberseite. Sein Saugrüssel ist ausgesprochen lang.

Um ein Weibchen zu finden, patrouillieren die Männchen in niedrigem Flug über ihrem Habitat oder sitzen auf erhabenen Ansitzwarten, halten Ausschau nach vorbeifliegenden Weibchen und vertreiben dabei aggressiv andere Männchen, um dann wieder an ihren Warteplatz zurückzukehren.

Männchen des Rostfarbigen Dickkopffalters

Der Rostfarbige Dickkopffalter ist weit verbreitet und lebt in nur einer Generation im Grünland, auf Brachen, Böschungen und in Waldsäumen. Seine Eier legt das Weibchen einzeln an der Blattoberseite von Gräsern ab. Die Raupe frisst an verschiedenen Grasarten. Sie lebt versteckt in einem röhrenartig zusammengesponnen Blatt und überwintert auch dort. Die Verpuppung erfolgt im Frühjahr in einem seidenartigen Kokon, der sich in einer Tüte aus mehreren zusammengesponnenen Blättern befindet.

Der Schachbrettfalter – ein verspielter Schmetterling

Melanargia galathea, Familie Augenfalter

Unverwechselbar ist sein Aussehen: schwarz-weiß gefleckt und in der Musterung an ein Schachbrett erinnernd. Das Männchen ist auch an den Flügelunterseiten strahlend weiß, während das Weibchen dort mehr gelblich ist. Dass der Schachbrettfalter (auch Damenbrett genannt) zu den Augenfaltern gehört, wird erst auf den zweiten Blick klar, denn die Augenflecken auf den Flügelunterseiten sind sehr unauffällig. Doch hat er auch nur vier Laufbeine, denn wie bei allen Augen- und Edelfaltern sind auch beim Schachbrettfalter die vorderen Beine zu Putzpfoten umgewandelt.

Schachbrettfalter

Schachbrettfalter bei der Paarung, links das Weibchen, rechts das Männchen

Schachbrettfalter sind recht gut zu beobachten, denn sie fliegen nicht allzu schnell, sind am Morgen oder nach Regenschauern auffallend träge und lassen sich manchmal sogar vorsichtig auf den Finger setzen. Sie erscheinen meist ab der Sommersonnenwende.

Das Weibchen lässt die Eier einfach ins Gras fallen, allerdings nur in ungemähte Altgrasbestände. Dort fressen die jungen Raupen Tag und Nacht Gräser, nach der Überwinterung nur noch nachts.

Der Schornsteinfeger – ein schlichter Geselle

Aphantopus hyperantus, Familie Augenfalter

Sein dunkles Samtbraun gab dem Braunen Waldvogel oder Schornsteinfeger den Namen. Meist hat er beim Sitzen seine Flügel zusammengeklappt, sodass man seine charakteristischen Augenflecken auf der Unterseite sieht (siehe Seite 64). Im Normalfall sind es drei Augenflecken auf den Vorderflügeln und fünf auf den Hinterflügeln – aber Ausnahmen bestätigen die Regel. Nur an kühlen Tagen breiten die Tiere ihre Flügel aus, um Sonnenwärme zu tanken.

Schornsteinfeger

Gemeinsam mit den Weißlingen, dem Kleinen Fuchs und dem Großen Ochsenauge ist der Schornsteinfeger einer unserer häufigsten Falter im Hochsommer. Er besiedelt Waldlichtungen, Säume und Gebüschränder und bildet nur eine Generation aus.

Die Weibchen lassen im Gras sitzend die Eier einzeln auf den Boden fallen, und wie viele andere Vertreter seiner Familie fressen auch seine Raupen an verschiedenen Gräsern und überwintern.

Der Schwalbenschwanz – ein eleganter Riese

Papilio machaon, Familie Ritterfalter

Der Schwalbenschwanz ist mit seinen acht Zentimetern Flügelspannweite unser größter Tagfalter und noch dazu ein besonders prächtiger. Mit ein wenig Glück kann man den Schlag seiner kräftigen Flügel sogar hören. Besonders ist seine Fähigkeit, nur mit den Vorderflügeln zu flattern und die Hinterflügel in Ruhe zu belassen.

In magerem Grünland und anderen Lebensräumen mit Doldenblütlern sowie in unseren Gärten kommt er vor und hat dabei eine Vorliebe für warme Biotope.

Seinen Weibchen imponiert er beim sogenannten »hilltopping« (Gipfelbalz): Beide Geschlechter versammeln sich zum Rendezvous auf den höchsten waldfreien Orten in der Umgebung. Die Männchen versuchen, sich möglichst weit oben gegen andere Rivalen durchzusetzen und Reviere zu besetzen. Dort segeln sie dann auf der Suche nach Weibchen in kunstvollen Flugmanövern den Hang hinunter. Schwalbenschwänze sind nicht häufig und kommen nur weit verstreut vor. Diese Rendezvous mit dem besonderen Balzverhalten lassen sie trotzdem schnell und sicher einen Partner finden. Kurz nach der Paarung verlassen die Weibchen diese Versammlungsplätze wieder und verteilen ihre zwei Millimeter großen Eier über mehrere Quadratkilometer einzeln und ohne sich dabei zu setzen an junge Futterpflanzen der Raupen auf meist vegetationsarmen Stellen.

Schwalbenschwanz

Auch die Eier, Raupen und Puppen zeigen ein Farbenspiel von großer Vielfalt. So sind die Eier zunächst gelbgrün, verfärben sich dann bräunlich, um kurz vor dem Schlüpfen der Raupen tintenblau zu werden. Die ersten Raupenstadien sind schwarz mit roten Punkten und einem hellen Fleck in der Mitte, der einen Klecks Vogelkot vortäuscht. Aufgrund dieser Vogelkotmimese können sie es sich leisten, offen auf Blättern zu sitzen und zu fressen, denn welches Tier will schon so etwas Ekliges verspeisen? Spätere Raupenstadien sind grün mit rot punktierten, schwarzen Querstreifen, sitzen und fressen dann gut versteckt an unteren Pflanzenteilen. Fühlt sich eine Raupe der älteren Stadien bedroht, stülpt sie zur Abschreckung eine orangefarbene Nackengabel aus, die ansonsten in einer Hautfalte hinter dem Kopf versteckt ist und nun auch noch einen eklig-süßen Gestank verströmt, um den Feind zu vertreiben. Und mit Artgenossen sind Schwalbenschwanz-Raupen nicht zimperlich, denn bei Begegnungen mit ihnen können sie zu Kannibalen werden. In der Natur fressen sie aromatische Doldenblütler wie Wiesenkümmel und Wilde Möhre, und in unseren Gärten machen sie sich über Petersilie, Dill, Fenchel und Möhre her. Da sie aber immer nur einzeln vorkommen, richten sie kaum Schäden an und können auch als Raupe im Garten Anlass zur Freude sein.

Die Puppen der Sommergeneration sind eher grün, während die überwinternden Gürtelpuppen braun gefärbt und damit in der winterlichen Vegetation gut getarnt sind.

Das Sechsfleck-Widderchen – ein giftiger Brocken

Zygaena filipendulae, Familie Widderchen (Nachtfalter)

Das Sechsfleck-Widderchen wird auch Blutströpfchen genannt. Es ist ein Schmetterling des Hochsommers, denn es fliegt erst im Juli und August. Es bevorzugt lila Blüten, ist vor allem am Nachmittag beim Saugen zu beobachten und hängt manchmal in kleinen Gruppen an den Blüten. Auch die Nächte verbringt es gern gesellig in Schlafgesellschaften. Das Sechsfleck-Widderchen gehört von seinem Körperbau her zu den Nachtfaltern. Es hat keine keulenartig verdickten, sondern schlanke Fühlerenden und legt seine Flügel in Ruhe an den Körper. Weil es aber am Tag unterwegs ist, wird es zu den tagaktiven Nachtfaltern gezählt.

Je nach Lichteinfall schimmern seine schwarzen Flügel metallisch grünlich, und der Kontrast zu den leuchtend roten Flecken macht diese Art und mehrere ähnliche schwarzrote Verwandte sehr auffällig. Die Warnfarbe signalisiert Fressfeinden, dass die Tiere giftig sind. Deshalb sind sie auch gut aus der Nähe zu beobachten und können sich eine nur geringe Fluchtdistanz leisten. Sowohl der Falter als auch die auffälligen gelben Raupen mit schwarzen Flecken verbreiten mit ihrer Warntracht die Botschaft »Achtung, ich bin giftig!«. Sie enthalten Blausäureverbindungen und nutzen diese als chemische Abwehr. Hat der Fressfeind einmal eine schlechte Erfahrung damit gemacht, meidet er das nächste Mal diesen Ekelbrocken.

Das Sechsfleck-Widderchen fliegt nur in einer Generation und legt seine Eier vor allem an Hornklee, aber auch an Kronwicke und wenige andere Arten. Es überwintert als

Sechsfleck-Widderchen

Raupe und verpuppt sich erst im nächsten Jahr an Grashalmen oder anderen Stängeln in einem pergamentartigen, kahnförmigen Kokon. Vor dem Schlüpfen schiebt sich die Puppe am oberen Ende aus dem Kokon hervor, dann erst arbeitet sich der Falter heraus.

Das Tagpfauenauge – ein zarter Gast unterm Dach

Inachis io bzw. Aglais io oder Nymphalis io, Familie Edelfalter

Auf Dachböden, in Kellern, Rohren, Fuchsbauten oder Baumhöhlen verbringt das Tagpfauenauge als Falter den Winter und sieht in dieser Zeit mit seinen zusammengeklappten Flügeln wie ein trockenes Blatt aus. Schon im März, meist zwei Wochen nach dem Kleinen Fuchs, lockt die Sonne das Tagpfauenauge hinaus in die Natur.

Wenn es sich durch einen Fressfeind bedroht fühlt, setzt das Tagpfauenauge mit seinen vier großen, bunt schillernden, augenähnlichen Flügelflecken auf die Strategie des Warnens: Die Flecken täuschen ein übergroßes Tier vor und jagen dem Feind einen Schrecken ein – eine Schrecksekunde, die der Falter zur Flucht nutzt.

Der Schmetterling ist weit verbreitet und gehört zu den bekannten Arten. Er kommt auch auf intensiv bewirtschafteten Wiesen und im Siedlungsbereich vor und stellt keine besonderen Ansprüche an den Lebensraum, außer dass Brennnesseln an feuchten Standorten als Raupenfutterpflanze vorhanden sein müssen.

Tagpfauenauge

Die Raupen leben zuerst gut geschützt in gemeinsamen Gespinsten und werden erst später zu Einzelgängern. Die älteren Stadien sind samtschwarz mit schwarzen Dornen, wirken dabei wie weiß gepudert und haben rosa Bauchfüße. Sie sind ausgesprochen häufig von Parasiten befallen. Die Puppe ist zuerst hellgrün und verfärbt sich später metallisch graubraun (siehe Kapitel »Metamorphose hautnah erleben«).

Das Taubenschwänzchen – ein Kolibri, der keiner ist

Macroglossum stellatarum, Familie Schwärmer (Nachtfalter)

Ein Kolibri an den Geranien auf dem Balkon? Der große kräftige Körper und der typische Schwirrflug, mit dem das Taubenschwänzchen saugend vor den Blüten schwebt, erinnert tatsächlich an einen Kolibri. Das Taubenschwänzchen saugt mit seinem ausgesprochen langen Rüssel gern an Gartenstauden, Geranien und anderen Balkonpflanzen und kehrt Tag für Tag an die gleichen Nektarquellen zurück.

Dieser tagaktive Nachtfalter ist ein Zuwanderer aus dem Mittelmeerraum und schafft die Flugstrecke von 3000 Kilometern in nur wenigen Wochen. Kein Wunder, denn mit 70 bis 90 Flügelschlägen pro Sekunde erreicht er kurzzeitig Spitzengeschwindigkeiten bis zu 70 Kilometern pro Stunde! Auch bei der Nahrungssuche zeigt er sich als Flugleistungssportler: Er ist pfeilschnell, kann rückwärts fliegen, und der Haarbusch am Ende des Hinterleibes dient ihm dabei zur Flugsteuerung.

Dieses kräftezehrende Flugverhalten hat allerdings einen Nachteil: Das Taubenschwänzchen braucht sehr viel Nektarenergie und kann sich kaum Pausen erlauben. So ist es bei nur 10 Grad Wärme, bei Bewölkung und sogar bei leichtem Regen unterwegs auf Nahrungssuche. Nur an heißen Tagen ruhen die Falter um die Mittagszeit und fliegen dann nur morgens und abends. Sie bleiben ihren Ruhe- und Schlafplätzen oft ein Falterleben lang treu.

Das Weibchen legt seine Eier bei uns vor allem an verschiedenen Labkräutern ab. Weil das bei 200 Eiern in Einzelablage im Schwirrflug ein sehr kraftraubendes Geschäft ist, muss es zwischendurch immer wieder Energie tanken, weshalb bei der Eiablage Raupenfutterpflanzen und Nektarpflanzen benachbart sein müssen. Die nächste Generation wandert wieder in den Süden zurück. Nur wenige Tiere schaffen es, bei uns an gut geschützten Orten als Falter zu überwintern.

Taubenschwänzchen

Der Zitronenfalter – ein tiefgekühlter Frühlingsbote

Gonepteryx rhamni, Familie Weißlinge

Nur die Männchen sind zitronengelb. Die jungen Weibchen sind blass grüngelb, die alten sogar eher weißlich, sodass sie gern mit anderen Weißlingen verwechselt werden. Auf den zweiten Blick sind sie aber eindeutig durch ihre typische Flügelform und den rötlichen Punkt auf allen Flügeln von den anderen Weißlingen zu unterscheiden.

Der Zitronenfalter ist im Februar oder März bei uns als erste Art zu beobachten, sobald es wärmer als 15 Grad ist. Er überwintert als Falter im Freien, an Blattunterseiten, in dichten Hecken, im Efeu oder in Bodennähe und ist dabei nicht selten von Eiskristallen oder Schnee überzogen. Er entwässert seinen Körper vor dem Winter, sodass der Körpersaft verdickt ist und ein »Frostschutzmittel« verhindert, dass das Wasser in seinen Körperzellen gefriert. So kann er bis zu minus 20 Grad überstehen.

Sowie ihn die Sonne aus seiner Winterstarre wachgekitzelt hat, macht er sich auf die Suche nach Nektar an den allerersten Frühblühern wie zum Beispiel Günsel, Huflattich, Weidenkätzchen und Löwenzahn. Wenn er uns im zeitigen Frühjahr begegnet, ist er bereits zehn Monate alt und ist damit der älteste unter den heimischen Tagfaltern.

Männchen des Zitronenfalters

Zitronenfalter bei der Eiablage

Zitronenfalter leben in gebüschreichem Gelände, wo der Faulbaum als Fresspflanze der Raupen vorkommt: im Offenland, in Gärten, an Waldwegen und – solange die Bäume noch nicht belaubt sind – auch im Waldesinneren. Das Weibchen legt seine Eier einzeln, selten zwei oder drei zusammen an die Adern auf der Unterseite junger Blätter oder an die Knospen vom Faulbaum, selten auch an Kreuzdorn. Die Raupe ist mit ihrem Grün perfekt getarnt und sieht im jungen Stadium aus wie eine Blattader. Sie verpuppt sich als Gürtelpuppe an einem seidenen Faden. Die Puppe wirkt dann wie ein Blatt. Nach dem Schlüpfen ab Ende Juni legen die Tiere eine Art Sommerruhe ein, die Tage bis Wochen dauern kann.

Übersicht der Aktivitäten

			Ort		Alter der Kinder	
Schwerpunkt	Aktivität	Seite	Drinnen	Draußen	Vorschule	Schule
Kreativ sein und werken	Bunte Schmetterlingswiese	13	x		x	x
	Schmetterlingswettfliegen	18	x	x	x	x
	Schmetterling ganz groß	20	x			x
	Schmetterling aus Ton	24		x	x	x
	Langer Kohlweißlingsrüssel	28	x	x		x
	Schmetterlingswerkstatt	36	x	x		x
	Schmetterlings-Tatoos	36		x	x	x
	Riesiger Kinderschmetterling	37	x		x	x
	Schmetterlingsweg	38		x	x	x
	Schwebender Schmetterling	39	x	x	x	x
	Zarter Seidenpapierfalter	40	x	x	x	x
	Kunterbunter Eierpappen-Schmetterling	40	x	x	x	x
	Schmetterling aus Zuckerkreide	41	x	x	x	x
	Noch mehr Schmetterlinge	41	x	x		
	Apfelschmetterling	54	x	x		x
	Der Seidenfaden – hauchdünn und stabil	62		x		x
	Verwandlung in der Klopapierrolle	66	x	x	x	x
	Aktivitäten für einen schmetterlingsfreundlichen Garten	102		x	x	x
	Elfchen und Haiku	114	x			x
	Schmetterlinge zum Reinbeißen	119	x		x	
Spielen und bewegen	Schmetterlingspantomime	27	x	x		x
	Bluts-Auge und Tröpfchen-Ochse	27	x	x		x
	Ochsenauge, pass auf!	29		x	x	x
	Schmetterling sucht Blüte	31		x		x
	Tanzlied »Schmetterling, du kleines Ding«	46	x	x	x	x
	Aurorafalter in Gefahr	48		x	x	
	Wettlauf der Dickkopffalter-Raupen	52	x	x	x	x
	Als Spannerraupe unterwegs	53	x		x	x
	Apfelwicklerjagd	55		x	x	x
	Bunter Leckerbissen	58	x	x	x	x
	Metamorphose des Schornsteinfegers	64		x	x	
	Zug der Admirale	70		x	x	x
	Gammaeule und Fledermaus	74	x	x	x	
	Krabbenspinne packt Schachbrettfalter	97	x	x		x
	Schmetterling, flieg!	108	x	x	x	x

			Ort		Alter der Kinder	
Schwerpunkt	Aktivität	Seite	Drinnen	Draußen	Vorschule	Schule
Wissen	Papierrollen-Schmetterling	17	x	x	x	x
	Bluts-Auge und Tröpfchen-Ochse	27	x	x		x
	Schmetterlingsgeografie	71	x			x
	Schmetterlingsprotokoll	78		x	x	x
	Rätselschmetterling des Tages	107	x	x		x
	Schmetterlingsnamen raten	108	x	x	x	x
	Schmetterling, flieg!	108	x	x	x	x
	Wer hat's gewusst?	109	x	x	x	x
	Lebensnetz der Schmetterlinge	110	x	x		x
	Schmetterlings-Bingo	112	x	x		x
	Unser Schmetterlingsbuch	113	x			x
Wahrnehmen und beobachten	Schatzkiste auf Reisen	17	x	x	x	x
	Langer Kohlweißlingsrüssel	28	x	x		x
	Duft ist nicht gleich Duft	33	x	x	x	x
	Der Seidenfaden – hauchdünn und stabil	62		x		x
	Schmetterlingsprotokoll	78		x	x	x
	Schmetterlingscocktail für Nachtfalter	79		x	x	
	Fantasiereise mit dem Kleinen Wiesenvögelchen	115	x	x	x	x

Verzeichnis der wichtigsten Schmetterlingsarten in diesem Buch

Literatur und Internetadressen

Belli, G.: Die Werkstatt der Schmetterlinge, Peter Hammer Verlag, Wuppertal 1994

Bellmann, H.: Der neue Kosmos Schmetterlingsführer, Kosmos-Verlag, Stuttgart 2009 (Bestimmungsbuch)

Bischoff, J. und Vormstein, M. (Hrsg.): Das große Gutenachtbuch für kleine Träumer, Verlag Naumann und Göbel, Köln 1991

Bühler-Cortesi, T.: Schmetterlinge. Tagfalter der Schweiz, Haupt Verlag, Bern 2009 (Bestimmungsbuch)

Dett, A.: Schönbär und Nonne. Licht ins geheime Leben der Nachtfalter, Stadler Verlag, Konstanz 2013

Guggenmoos, J.: Was denkt die Maus am Donnerstag, Beltz Verlag, Weinheim 1998 (Gedichte)

Hendrichs, M. und Beiter, A.: Heimische Schmetterlinge – gefährdete Schönheit, Verlag Schwäbisches Tageblatt, Tübingen 2003 (Sachbuch über Schmetterlinge)

Herman, G.: Tagfalter suchen im Winter, Books on Demand GmbH, Norderstedt 2007

Hesse, H.: Schmetterlinge, hrsg. von V. Michels, Insel Verlag, Frankfurt am Main 2002

Passecker, H.: Die Pfalzauer Gedichte, Verlag Ennsthaler, Steyr 1997

Petit, R.: Das Kleine Nachtpfauenauge und andere Schmetterlinge, Arbeitshilfe Nr. 15.24, Schulbiologiezentrum Hannover 2009

Piotter, H.: Reihe Erlebter Frühling, Aktionsheft Tagpfauenauge, 2012, zu beziehen über: www.erlebter–fruehling.de

Pro Natura (Hrsg.): Die flatterhafte Schule. In zehn Schritten zum schmetterlingsfreundlichen Schulhaus, Unterrichtshilfe, 2003, zu beziehen über: shop@pronatura.ch

Settele, J., Steiner, R., Reinhardt, R., Feldmann, R.: Schmetterlinge. Die Tagfalter Europas, Ulmer Verlag, Stuttgart 2005 (Bestimmungsbuch)

Steiner, A., Ratzel, U., Top-Jensen, M., Fibiger, M.: Die Nachtfalter Deutschlands, 2014, zu beziehen über: www.nachtfalterdeutschlands.de (Fotos und Artbeschreibungen)

Ulenbrook, J.: Haiku. Japanische Dreizeiler, Reclam, Stuttgart 1998

Internetadressen für weitere Informationen

www.bund-bawue.de/themen_projekte/schmetterlingsland_baden_wuerttemberg

- Informationen zu SchmetterlingenIdeen und Materialien für die pädagogische Praxis mit Kindern
- Bestellung und Download von Broschüren zu Schmetterlingen
- Download von Bildtafeln zu verschiedenen Schmetterlingsthemen, erstellt vom BUND Ulm-Mitte (Bund für Umwelt und Naturschutz Deutschland e. V.)

www.bund.net/themen_und_projekte/abenteuer_faltertage
- Informationen zu Schmetterlingen
- Ideen und Materialien für die pädagogische Praxis mit Kindern
- Bestellung und Download von Broschüren zu Schmetterlingen

www.lepido.ch
- Informationen zu Schmetterlingen
- Bestimmungshilfen
- Fotos

www.naturwissenschaftlicher-verein-wuppertal.de/sektionen/entomologie
- Informationen zu Schmetterlingen für Laien
- Informationen zur Zucht des Kleinen Nachtpfauenauges
- freie Downloads, z. B. Präsentation »Entwicklungszyklus Kleiner Fuchs«

www.pieris.ch
- Informationen zu Schmetterlingen
- Fotos

www.schmetterlinge.bund-rlp.de
- Informationen zu Schmetterlingen
- Artporträts in Wort und Bild

www.schmetterling-raupe.de
- Artbeschreibungen in Bild und Text
- Raupenbestimmungen
- Informationen zur Raupenaufzucht
- Bezug der CD »Schmetterlinge in Schule und Kindergarten« mit Präsentationen und Aktivitäten für die pädagogische Praxis mit Kindern unter www.schmetterling-raupe.de/cd.htm

Bezug von Materialien

www.bioform.de
- Bezug von Fangnetzen und -gläsern (Versand europaweit)

www.biogarten.ch
- Bezug von Distelfalterraupen in der Schweiz

www.bundladen.de
- Bezug von Distelfalterraupen in Deutschland

www.erlebter-fruehling.de
- Bezug von »Aktionsheft Tagpfauenauge«

www.listhof-reulingen.de
- Bezug von Schmetterlingsraupen in Deutschland

www.wollknoll.eu
- Bezug von Seidenspinner-Kokons (Versand auch ins Ausland)

Bildnachweis

Wolfgang Düring Seite 8 oben, 26, 30, 35, 42, 43, 45, 47 links sowie rechts oben und unten, 48, 49, 51, 53 rechts, 57 oben links und rechts, 57 unten rechts, 60 alle, 63, 64, 68, 69, 71, 97, 103 oben links, 105 links, 121, 124, 125 oben, 127 beide, 131 oben, 134, 135, 137, 140, 142, 143
Herbert Fuchs Umschlag unten links und unten Mitte, Seite 8 unten, 16, 21 unten rechts, 23 oben, 29 unten, 32, 34, 50 unten links, 52, 56, 57 unten links, 58, 73, 74 unten, 89 rechts, 99, 107, 120, 126, 128 oben beide, 131 unten rechts, 133, 136, 139
Holger Spiering Umschlag unten rechts, Seite 2, 4, 13, 27 oben, 31, 37 beide, 76, 77 rechts, 81 rechts, 82, 89
Pia Reufsteck Seite 21 unten links, 96, 105 oben rechts, 123, 128 unten, 131 unten links, 132
Christina Kordt Seite 83 beide, 98, 103 unten links, 111 beide
Ingrid Altmann Seite 72, 105 unten links, 122
Kindergarten Böhringen Seite 95
Miriam Kärcher Seite 24 unten
Amrei Klein Seite 150
Charlotte Klein Seite 70
Mirjam Kunz Seite 80
Tim Laussmann Seite 44
Werner Matthis Seite 103 rechts
Brigitte Messmer Seite 87
Walter Schön Seite 61 rechts
Annette von Scholley-Pfab Seite 67
Katharina Schreiber Seite 108
Christoph Traub Seite 141
Friedemann Treuz Seite 53 links
Waldkindergarten Radolfzell Seite 91
Andrea Ziegler Seite 25 oben rechts

Alle anderen Bilder stammen von der Autorin.

Dank

Ich danke allen Kindern und Erwachsenen, mit denen ich gemeinsam auf Entdeckungsreise in der Welt der Schmetterlinge unterwegs bin, forschen und staunen kann.

Danke an meine Familie, die meine Begeisterung teilt und jedes Jahr aufs Neue mit Gelassenheit die Zuchtgefäße in der Wohnung erträgt.

Danke an Claudia Widder, Herbert Fuchs und Alexander Beiter, die mich mit dem »Schmetterlingsvirus« angesteckt und immer wieder fachlich unterstützt haben.

Danke an meinen Mann, Almut Weis und Alexander Beiter für die Überarbeitung des Manuskriptes und viele wertvolle Hinweise.

Und einen riesengroßen Dank an Wolfgang Düring, Herbert Fuchs, Pia Reufsteck, Holger Spiering und all die anderen Fotografen, die gern ihre Schmetterlingsbilder zur Verfügung gestellt und damit das Buch unglaublich bereichert haben.

Ohne euch alle wäre dieses Buch nie entstanden.

Die Autorin

Angela Klein, geboren 1963, Naturpädagogin und Diplom-Biologin, wohnt mit ihrer Familie am Bodensee und ist seit zwanzig Jahren selbstständig in der Umweltbildung tätig – für verschiedene Träger, zu einer Fülle von Themen und auf allen Altersstufen. Die Schwerpunkte ihrer Arbeit sind Naturerlebnisprojekte mit Kindern sowie Fortbildungsseminare für Lehrer und Erzieher. In diesem Rahmen ist sie unter anderem an pädagogischen Hochschulen in der Schweiz und in Deutschland in der Aus- und Weiterbildung tätig. Darüber hinaus stellt sie ihre naturpädagogischen Erfahrungen im Praxishandbuch »Nichts wie raus auf die Streuobstwiese«, in zahlreichen naturpädagogischen Praxisbroschüren und in Beiträgen in Fachzeitschriften zur Verfügung.

»Die Begegnungen mit Pflanzen und Tieren, mit Steinen und Naturfundstücken, mit Bekanntem und Unbekanntem lassen mich immer wieder staunen und schenken mir neue Blickwinkel. Mit meiner naturpädagogischen Arbeit möchte ich Augen und Ohren öffnen, damit kleine und große Leute der Natur wieder näher kommen, sie wertschätzen lernen und sich selbst als ein Teil der Natur fühlen können.«

Wenn Sie sich für die naturpädagogische Fortbildung »Schmetterling flieg – die wundersame Welt der Schmetterlinge mit Kindern entdecken« interessieren, kontaktieren Sie Angela Klein unter: A.E.Klein@web.de.

Natur spielerisch entdecken, erleben und gestalten

Andrea Frommherz
Naturwerkstatt Samen und Gemüse
Mit Kindern Samen gewinnen und säen, Gemüse ziehen und spielerisch entdecken

Andrea Frommherz
Naturwerkstatt Steine
Kreatives Spielen und Gestalten mit Steinen

Andrea Frommherz
Kinderwerkstatt Zauberkräuter
Mit Kindern die Geheimnisse und Heilkräfte der Pflanzen entdecken

Andreas Güthler Kathrin Lacher
Naturwerkstatt Landart*
Ideen für kleine und große Naturkünstler

Andreas Güthler Kathrin Lacher
Erlebniswerkstatt Landart
Neue Naturkunstwerke für Klein und Groß

Violette Tanner
Kinderwerkstatt Wildpflanzenküche
Mit Kindern sammeln, kochen, die Natur erleben

Heinz Knieriemen Martin Krampfer
Kinderwerkstatt Naturfarben und Lehm

Marc Pouyet
Ideenbuch Landart*
500 Inspirationen für Naturgestaltungen rund ums Jahr

Marc Pouyet
Landart-Spiele in der Natur

Marc Pouyet
Landart in der Stadt

Fiona Danks Jo Schofield
Raus ins Freie!
Spiele und Abenteuer für draußen

Fiona Danks Jo Schofield
Werkstatt Natur
101 Ideen zum Spielen, Gestalten und Werken in und mit der Natur

Fiona Danks Jo Schofield
Spielplatz Natur
Mit Kindern die Natur spielerisch entdecken, erleben und gestalten

Fiona Danks Jo Schofield
Wildnis erleben
Praktische Anleitungen für Outdoor-Aktivitäten mit Kindern und Jugendlichen

*Auch als E-Book erhältlich

AT Verlag
Bahnhofstraße 41
CH-5000 Aarau
Telefon +41 (0)58 200 44 00
info@at-verlag.ch
www.at-verlag.ch